U0461229

机械部件装配与调试

◎ 主　编　祝水琴

◎ 副主编　张海英　赵国利

　　　　　蔡建良　沈先飞　冯桂香

重庆大学出版社

内容提要

本书主要介绍机械部件产品的装配与调试。全书共8个项目,其主要内容包括:机械装配工艺的基本内容;机械装配工艺规程的编制;识读装配图;机械简单部件的拆装与零件测绘;数控机床主轴部件的装配与调试;装配工具的选用与检测;机床进给系统部件的装配与调试;减速器的装配与调试。

本书可作为高职院校数控维修技术专业、机械制造过程自动化专业及相关专业机修钳工、机电产品和设备的维修与管理等课程的教材,也可作为广大从事设备维修与管理人员的培训教程,还可作为相关技术人员参考用书。

图书在版编目(CIP)数据

机械部件装配与调试 / 祝水琴主编. -- 重庆:重庆大学出版社,2022.8
高职高专机械系列教材
ISBN 978-7-5689-3492-3

Ⅰ.①机… Ⅱ.①祝… Ⅲ.①机械元件—装配(机械)—高等职业教育—教材 Ⅳ.①TH13

中国版本图书馆 CIP 数据核字(2022)第 147570 号

机械部件装配与调试

主　编　祝水琴
副主编　张海英　赵国利　蔡建良
沈先飞　冯桂香
策划编辑:苟芸羽

责任编辑:李定群　　版式设计:苟芸羽
责任校对:刘志刚　　责任印制:张　策

*

重庆大学出版社出版发行
出版人:饶帮华
社址:重庆市沙坪坝区大学城西路 21 号
邮编:401331
电话:(023)88617190　88617185(中小学)
传真:(023)88617186　88617166
网址:http://www.cqup.com.cn
邮箱:fxk@cqup.com.cn(营销中心)
全国新华书店经销
重庆俊蒲印务有限公司印刷

*

开本:787mm×1092mm　1/16　印张:11　字数:284千
2022 年 8 月第 1 版　　2022 年 8 月第 1 次印刷
印数:1—1 000
ISBN 978-7-5689-3492-3　定价:39.80元

前　言

　　本书是根据高等职业教育理论知识"必需、够用"的基本要求,依托国家资源库机械设计与制造专业的课程建设为平台,依据行业企业对机械设计与制造岗位群的技术技能要求,结合多年教学改革的实践编写而成的。

　　在教材的编写过程中,我们贯彻了以下编写原则:

　　1.充分汲取高等职业技术院校在探索培养高等技术应用型人才方面取得的成功经验和教学成果,从"1+X数控机床装调维修工"国家职业资格岗位分析入手,构建培养计划,确定相关课程的教学内容与教学目标。

　　2.贯彻先进的教学理念,结合多种教学方法,以技能训练为主线、相关专业知识为支撑,较好地处理了理论教学与技能训练的关系,以企业的实际案例为典型案例,并尽量采用以图代文的编写形式,降低学习难度,提高学生的学习兴趣。

　　3.突出教材的先进性,与企业一线相结合,引入新技术、新设备、新工艺的内容,以期缩短学校教育与企业需要的距离,更好地满足企业用人的需要。

　　4.配套数字化教学资源。为适应现代教育信息技术的发展,部分教学内容与课程资源库相配套研发了视频教学资源。本书以智慧职教在线开放课程——"机械制造工艺及工装夹具"为基础,相关教学资料和视频可以在智慧职教国家资源库中参考使用。

　　本书由祝水琴任主编,张海英、赵国利、蔡建良、沈先飞、冯桂香任副主编,在编写过程中,得到了兄弟院校的大力支持,在此表示衷心的感谢!

　　由于编者水平有限,书中难免有欠妥之处,恳请广大读者批评指正。

编　者
2022 年 1 月

目录

项目 *1*
机械装配工艺基本知识

【教学目标】

能力目标:能够根据产品的生产类型确定其适用的机械装配工艺。

　　　　能够选择合理的装配方法。

　　　　能够计算产品的装配工艺尺寸链。

知识目标:了解机械装配过程工艺的基本内容。

　　　　掌握机械装配工艺规程制订的原则与方法。

　　　　掌握产品装配方法的选择原则,保证产品的装配精度。

素质目标:激发学生自主学习兴趣,培养学生团队合作和创新精神。

【项目导读】

　　装配是整个机械制造过程的后期工作。机器的各种零部件只有经过正确的装配,才能完成符合要求的产品。怎样将零件装配成机器,零件精度与产品精度的关系,以及达到装配精度的方法,是装配工艺所要解决的问题。

【任务描述】

　　学生以企业制造部门装配工艺员的身份进入机械装配工艺模块,根据产品的特点制订合理的装配工艺路线。首先了解机械装配工艺的基本知识以及制订装配工艺规程的原则和步骤;然后对机械部件装配工艺进行分析,确定产品的装配方法;最后确定装配过程中各装配过程的安排、检测量具的选用及其装配精度等。通过对机械部件装配工艺规程的制订,分析并解决产品装配过程中存在的问题和不足,并对编制工艺过程中存在的问题进行研讨和交流。

【工作任务】

　　按照装配精度要求,了解产品装配工艺的基本内容,分析产品装配图;确定合理的装配方法,选用适用的各类装配与检测工具;确定装配工艺路线的拟订;完成产品装配工艺规程制订。

任务 1.1 装配工作的基本内容

【任务引入】

机械的装配需要多道工序来完成,一台机器由许多零件和部件组成。通过企业和生产车间的见习,掌握装配工作的基础内容,了解机器装配的几何精度和物理精度,区分总装、部装的区别与联系。

【相关知识】

一台产品的质量取决于产品结构设计的合理性、原理的先进性、零件选材和热处理方法的合理性以及零件的制造质量和装配质量。

机械产品一般由许多零件和部件组成。零件是机器的制造单元,如一根轴、一个轴承、一颗螺钉等。部件是装配单元,由两个或两个以上零件结合成为机器的一部分。按规定的技术要求,将若干零件(自制的、外购的、外协的)按照装配图样的要求结合成部件或若干个零件和部件结合成机器的过程,称为装配。前者为部件装,机器装配是按规定的精度和技术要求,将构成机器的零件结合成套件(合件)、组件、部件和产品的过程。

装配工作是产品制造工艺过程中的后期工作。它包括各种装配准备工作、总装、部装、调试、检验及试机等。装配质量的好坏对整个产品的质量起着决定性的作用。通过装配才能形成最终产品,并保证它具有规定的精度及设计所定的使用功能及验收质量标准。装配工作是一项非常重要而细致的工作,必须认真按照产品装配图的要求,制订合理的装配工艺规程,采用新的装配工艺,以提高产品的装配质量,达到优质、低耗、高效。

装配是整个机器制造过程的后期工作。它是决定产品质量的关键环节。例如,卧式车床就是以床身为基准零件,由主轴箱、进给箱、溜板箱等部件,以及其他组件、套件、零件所组成的。

1.1.1 机器装配单元

零件是组成机器的最小单元。它是由独立的整块金属或其他材料构成的。

套件(合件)是在一个基准零件上由若干个零件永久连接(铆或焊)而成的。它是机器最小装配单元,称为套装,如图1.1、图1.2所示。

组件是在一个基准零件上装上若干套件及零件构成的组合体。没有明显完整的作用,其装配称为组装。

部件是在一个基准零件上装上若干组件、套件及零件构成的组合体。其装配称为部装。部件在机器中能完成独立、完整的功能。

机器是在一个基准零件上装上若干部件、组件、套件及零件构成的。其装配称为总装。

在装配工艺规程设计中,常用装配工艺系统图表示零部件

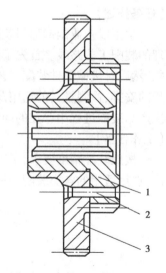

图 1.1 套件——装配齿轮

1—基准零件;2—铆钉;3—齿轮

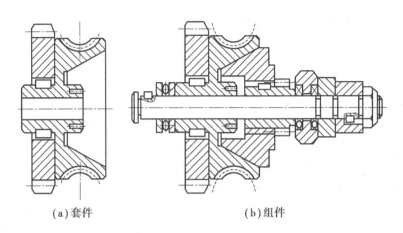

(a)套件　　　　　　　　(b)组件

图1.2　套件和组件

的装配流程和零部件之间的相互装配关系。

在装配工艺系统图上,每一个单元用一个长方形框表示,标明零件、套件、组件及部件的名称、编号和数量。装配工作由基准件开始沿水平线自左向右进行,一般将零件画在上方,套件、组件、部件画在下方,其排列顺序就是装配工作的先后顺序,如图1.3和图1.4所示。

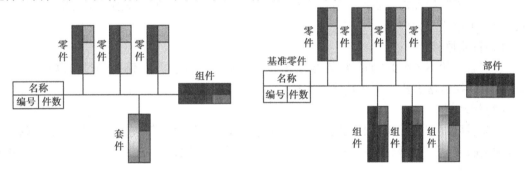

图1.3　组件装配工艺系统图　　　　　图1.4　部件装配工艺系统图

1.1.2 机械产品的装配精度

机械产品的装配精度就是产品装配对应达到的技术要求。它主要分为几何参数和物理参数两大类。

1)几何方面的精度要求

几何方面的精度要求包括间隙和配合性质、相互位置精度、相对运动精度及接触精度等。间隙和配合性质可统一为尺寸精度要求。它是指相关零部件之间的尺寸距离精度。装配中的相互位置精度包括相关零部件之间的平行度、垂直度、同轴度及各种跳动等。相对运动精度是指产品中有相对运动的零部件之间在相对运动方向和相对速度方向的精度。运动方向的精度多表现为零部件之间相对运动的平行度和垂直度;相对速度精度也称传动精度或圆周运动精度,是相对运动精度的基础。接触精度是指相互配合表面、接触表面之间的实际接触面积的大小和分布情况。

2)物理方面的精度要求

物理方向的精度要求内容较多,如转速、质量、静平衡、动平衡、密封性、振动、噪声及温升等,依具体机器的品种类型和用途,所需要的内容各不相同。

1.1.3 机器装配过程中的主要内容

1)清洗

清洗工作对保证和提高机器装配质量、延长产品使用寿命有着重要意义。任何微小的脏物、杂质都会影响产品的装配质量,特别是对机器的关键部分,如轴承、密封件、精密件、润滑系统以及有特殊清洗要求的零件,稍有杂质就会影响产品的质量。因此,装配前必须对零件进行清洗,以清除在制造、运输和储存过程中黏附的切屑、油脂和灰尘。

零件一般用煤油、汽油、碱液以及各种化学清洗液进行清洗。清洗方法有擦洗、浸洗、喷洗及超声波清洗等。清洗时,应根据工件的清洗要求、工件的材料、生产批量的大小,以及油污、杂质的性质和黏附情况,正确选择清洗液、清洗方法以及清洗时的温度、压力和时间等参数。

2)联接

联接是指将两个或两个以上的零件结合在一起。按照零件或部件联接方式的不同,联接可分为固定联接和活动联接两类。零件之间没有相互运动的联接,称为固定联接;零件之间在工作情况下,可按规定的要求作相对运动的联接,称为活动联接。通常在机器装配中采用的固定形式有过盈联接和螺纹联接。过盈联接多用于轴(销)与孔之间的固定,螺纹联接在机械结构的固定中应用较为广泛。

(1)固定联接

装配后一般不再拆卸,如果拆卸会损坏其中的某些零件(焊接、铆接和过盈联接等)。常用的过盈联接方法有压入法和热胀冷缩法。

(2)活动联接

装配后可很容易拆卸而不致损坏任何零件,且拆卸后仍可重新装配在一起(螺纹联接、键联接和销联接)。螺纹联接是汽车结构中应用广泛的零件联接方法,在机械结构的固定中应用也较为广泛。

3)校正、调整与配作

在产品的装配过程中,尤其是在单件小批生产的情况下,完全靠零件的互换性去保证装配精度是不经济的,往往需要进行一些矫正、调整或配作工作。

校正是指产品中相关零部件间相互位置的找正、找平,并通过各种调整方法以保证达到装配精度要求。例如,卧式车床总装时,床身导轨安装及前后导轨在垂直平面内的平行度(扭曲)矫正、车床主轴与尾座套筒中心等高的矫正、立柱与工作台面垂直度的矫正等。矫正时,常用的工具有平尺、角尺、水平仪、光学垂直仪以及相应的检验棒、过桥等。

调整就是调节相关零件的相互位置,除配合校正所做的调整之外,还有各运动副之间的间隙是调整的主要工作。

配作是在校正、调整的基础上进行的,只有经过认真的校正、调整后,才能进行配作。它是指配钻、配铰、配刮、配磨等在装配过程中所附加的一些钳工和机加工工作。校正、调整、配作虽有利于保证装配精度,但却会影响生产率,不利于流水装配作业等。

4)平衡

对转速高、运转平稳性要求高的机器,为了防止在使用过程中因旋转件质量不平衡产生的离心惯性力而引起振动,影响机器的工作精度,装配时必须对有关旋转零件进行平衡,必要时还要对整机进行平衡。例如,旋转零件,特别是高速旋转零件装配前应进行平衡。对飞轮、带轮等盘状零件只需静平衡,而对长度大的零件还需进行动平衡。

平衡方法有静平衡和动平衡。

(1)静平衡

适用于长度比直径小很多的圆盘类零件。

(2)动平衡

适用于长度较大的零件,如机床主轴、电机转子等。

5)验收试验

产品装配好后,应根据其质量验收标准进行全面的验收试验。检验其精度是否达到设计的要求,性能是否满足产品的使用要求。各项验收指标合格后,才可涂装、包装、出厂。各类机械产品不同,其验收技术标准和验收试验的方法也不同。装配后,必须根据有关技术标准和规定,对产品进行较全面的检验和试验。

【任务实施】

1)实施环境和条件

生产车间或实训室,工作服、安全帽等防护用品。

2)实施步骤

了解生产现场的管理,掌握机械部件装配的基本内容,能区分部装和总装的区别与联系。

【考核评价】

序号	评分项目	评分标准	分值	检测结果	得分
1	读懂部件装配图	写出部件由哪些零件组装而成	50		
2	汇报机器部件的装配过程	每3人一组,口述部件的大致装配过程	50		

任务 1.2　装配组织形式的选择

【任务引入】

机械的装配需要多道工序完成,一台机器由许多零件和部件组成。通过企业和生产车间的见习,掌握装配工作的基础内容,了解机器装配的几何精度和物理精度。

【相关知识】

由于生产类型和产品复杂程度不同,装配的组织形式也不同。

1.2.1　单件生产的装配

单个地制造不同结构的产品,并很少重复,甚至完全不重复,这种生产方式称为单件生产。单件生产的装配工作多在固定的地点,由一个工人或一组工人,从开始到结束进行全部的装配工作。例如,夹具、模具的装配就属于此类。这种组织形式的装配周期长,占地面积大,需要大量的工具和设备,并要求工人具有全面的技能。通常不需要编制装配工艺过程卡片,而是用装配工艺流程图来代替。装配时,工人按照装配图和装配工艺流程图进行装配。

1.2.2 成批生产的装配

在一定的时期内,连续制造相同的产品,这种生产方式称为成批生产。成批生产的装配工作通常分为部件装配和总装配。每个部件由一个或一组工人来完成,然后将各部件集中进行总装配。

装配过程中,产品不移动。这种将产品或部件的全部装配工作安排在固定地点进行的装配,称为固定式装配,如图1.5所示。

通常需要制订部件装配及总装配的装配工艺过程卡片。卡片的每一工序内应简要地说明该工序的工作内容,所需要的设备,工艺装备的名称,以及编号、时间定额等。除了装配工艺过程卡片和装配工序卡片以外,还应有装配检验卡片和试验卡片,有些产品还应附有测试报告和修正(校正)曲线等。

图1.5 固定式装配　　　　　　　　　图1.6 移动式装配

1.2.3 大量生产的装配

产品制造数量很大,每个工作地点经常重复地完成某一工序,并具有严格的节奏,这种生产方式称为大量生产。大量生产的装配采用流水装配,使某一工序只由一个或一组工人来完成。产品在装配过程中,有顺序地由一个或一组工人转移给另一个或另一组工人。装配时,产品的移动有连续移动装配和断续移动装配两种。连续移动装配是工人边装配边随着装配线走动,一个工位的装配工作完成后立即返回原地;断续移动装配是装配线每隔一定时间往前移动一步,将装配对象带到下一工位。采用流水线装配,只有当从事装配工作的全体工人都按顺序完成了所担负的装配工序后,才能装配出产品。移动式装配如图1.6所示。

在大量生产中,由于广泛采用互换性原则,并使装配工作工序化。因此,装配质量好,效率高,生产成本低,并且对工人的技术要求较低。大量生产的装配是一种先进的装配组织形式。例如,汽车、拖拉机的装配一般属于此类。

在大批大量生产中,要制订装配工序卡片,详细说明该装配工序的工艺内容,以直接指导工人进行操作。

【任务实施】

1)实施环境和条件

生产车间或实训室,工作服、安全帽等防护用品。

2）实施步骤

了解生产现场的管理,掌握机械部件装配的基本内容,能区分部装和总装的区别与联系。

【考核评价】

序号	评分项目	评分标准	分值	检测结果	得分
1	读懂减速器装配图	写出部件由哪些零件组装而成	50		
2	汇报减速器的装配过程	每 3 人一组,口述减速器部件的装配方式的选择	50		

任务 1.3　机器装配质量的控制

【任务引入】

机械的装配需要多道工序来完成。一台机器由许多零件和部件组成。通过企业和生产车间的见习,掌握装配工艺尺寸链,了解机器装配的精度。

【相关知识】

1.3.1　机器装配精度

机器装配精度是根据机器的使用性能要求提出的。

装配精度是装配工艺的质量指标。它是根据机器的工作性能确定的。装配精度是制订装配工艺规程的主要依据,也是选择合理的装配方法和确定零件加工精度的依据。机械产品的装配精度是指产品装配后实际几何参数、工作性能与理想几何参数、工作性能的符合程度。机械产品的装配精度一般包括尺寸精度、相互位置精度、相对运动精度及接触精度。

1）尺寸精度

尺寸精度是指相关零件、部件之间的距离精度和配合精度。距离精度是指零部件间的轴向间隙、轴向距离和轴线距离等,如卧式车床前后两顶尖对床身导轨的等高度,如图 1.7 所示;配合精度是指配合面之间应达到的间隙或过盈要求,如导轨间隙、齿侧间隙、轴和孔的配合间隙或过盈等。

2）相互位置精度

装配中的相互位置精度是指产品中相关零部件之间的平行度、垂直度、同轴度以及各种跳动等。如图 1.8 所示为单缸发动机。装配时,应保证活塞外圆的中心线与缸体孔中的中心线的垂直度,活塞外圆中心线与其销孔中心线的垂直度,连杆小头孔中心线与其大头孔中心线的平行度,曲轴的边杆轴颈中心线与其主轴轴颈中心线的平行度,以及缸体孔中心线与其曲轴孔中心线的垂直度。

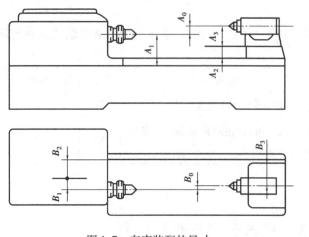

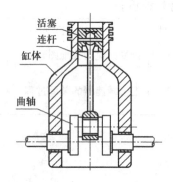

图 1.7　车床装配的尺寸　　　　　　　　图 1.8　单缸发动机

3）相对运动精度

相对运动精度是指产品中有相对运动的零部件在运动方向和相对速度上的精度。运动方向精度主要是指相对运动部件之间的平行度、垂直度等，如牛头刨床滑枕往复直线运动对工作台面的平行度。运动速度精度是指内传动链中，始末两端传动元件之间相对运动关系与理论值的符合程度，如滚齿机滚刀与工作台的传动精度。装配的运动精度有主轴圆跳动、轴向窜动、转动精度及传动精度。它们主要与主轴轴颈处的精度、轴承精度、箱体轴孔精度及传动元件自身精度有关。

4）接触精度

接触精度是指相互配合表面、接触表面之间接触面积的大小和接触点的分布情况。它主要影响接触刚度和配合质量的稳定性，同时对相互位置和相对运动精度也会产生一定的影响。例如，齿轮啮合、锥体配合以及导轨之间均有接触精度要求。

1.3.2　装配精度与零件精度之间的关系

1）装配精度与零件精度

机器和部件是由零件装配而成的。显然，零件的精度，特别是一些关键件的加工精度，对装配精度有很大的影响。装配精度与相关零部件制造误差的累积有关。如图 1.9 所示，卧式普通车床的尾座移动对溜板移动的平行度，主要取决于床身上溜板移动导轨与尾座移动导轨之间的平行度及导轨面之间的接触精度。接触精度主要是由基准件床身上导轨面之间的位置精度来保证的。床身上相应精度的技术要求，是根据有关总装配精度检验项目的技术要求来确定的。技术要求合理地规定有关零件的制造精度，使其累积误差不超出装配精度所规定的范围，从而简化装配工作。

装配精度首先取决于相关零部件精度，尤其是关键零部件的精度。例如，卧式车床的尾座移动对溜板移动的平行度，就主要取决于床身导轨 A 与 B 的平行度；又如，车床主轴中心线与尾座套筒中心线的等高度 A_0，就主要取决于主轴箱、尾座及底板的 A_1，A_2 及 A_3 的尺寸精度。

2）装配精度与装配方法之间的关系

在单件小批量生产及装配精度要求较高时，以控制零件的加工精度来保证装配精度，会给零件的加工带来困难，增加成本。这时，应按照经济加工精度来确定零件的精度。在装配时，

8

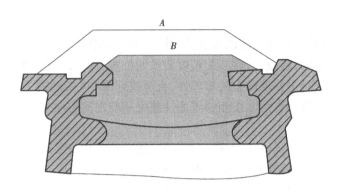

图1.9 床身导轨简图

A—溜板移动导轨面;*B*—尾座移动导轨面

应采用一定的工艺措施来保证装配精度。

装配精度的保证还取决于装配方法、零件的表面接触质量和零件的变形。如图1.10所示,等高度 A_0 的精度要求是很高的,如果靠控制尺寸 A_1,A_2 及 A_3 的精度来达到 A_0 的精度是很不经济的。实际生产中,通常按经济精度来制造相关零部件尺寸 A_1,A_2 及 A_3。装配时,则采用修配底板零件3的工艺措施来保证等高度 A_0 的精度。

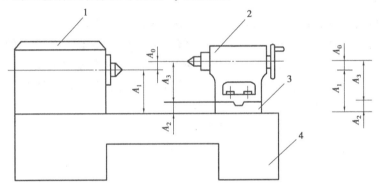

图1.10 卧式车床床头和尾座两顶尖的等高度要求

影响机器装配精度的因素有很多,如零件的加工精度、装配方法与装配技术、零件之间的接触质量、力与内应力引起的零件变形及旋转零件的不平衡。零件的加工精度是保证产品装配精度的基础,但装配精度并不完全取决于零件的加工精度。

装配精度的保证应从产品结构、机械加工和装配工艺方法等方面来综合考虑。

1.3.3 产品的装配尺寸链

装配尺寸链是产品或部件在装配过程中,由相关零件的尺寸或位置关系所组成的封闭的尺寸系统,即由一个封闭环和若干个与封闭环关系密切的组成环组成。

1)装配尺寸链的建立

①正确地建立装配尺寸链,是运用尺寸链原理分析和解决零件精度与装配精度关系问题的基础。

②装配尺寸链的封闭环为产品或部件的装配精度。找出对装配精度有直接影响的零部件尺寸和位置关系,即可查明装配尺寸链的各组成环。可见,正确查找组成环是建立装配尺寸链

的关键。

③一般查找装配尺寸链组成环的方法是：首先根据装配精度要求确定封闭环，然后取封闭环两端的那两个零部件为起点，沿着装配精度要求的位置方向，以零部件装配基准面为查找线索，分别找出影响装配精度要求的有关零部件，直至找到同一个基准零部件或同一基准表面为止。这样，各有关零部件上直接联接相邻零部件装配基准之间的尺寸或位置关系，即装配尺寸链中的组成环。

④查找装配尺寸链也可从封闭环的一端开始，依次查找相关零部件直到封闭环的另一端。还可从共同的基准面或零部件开始，分别查找到封闭环的两端。

2）与一般尺寸链相比的特点

①装配尺寸链的封闭环一定是机器产品或部件的某装配精度。

②装配精度只有机械产品装配后才测量。

③装配尺寸链中的各组成环不是仅在一个零件上的尺寸，而是在几个零件或部件之间与装配精度有关的尺寸。

④装配尺寸链的形式较多，除常见的线性尺寸链外，还有角度尺寸链、平面尺寸链和空间尺寸链等。

3）装配尺寸链的建立

①确定封闭环。通常装配尺寸链封闭环就是装配精度要求

②装配尺寸链查找方法。取封闭环两端的零件为起点，沿装配精度要求的位置方向，以装配基准面为联系线索，分别查明装配关系中影响装配精度要求的那些有关零件，直至找到同一基准零件或同一基准表面为止。所有零件上连接两个装配基准面间的位置尺寸和位置关系，便是装配尺寸链的组成环。

③组成装配尺寸链时，应使每个有关零件只有一个尺寸列入装配尺寸链。相应地，应将直接连接两个装配基准面之间的那个位置尺寸或位置关系标注在零件图上。

4）计算类型

（1）正计算法

已知组成环的基本尺寸及偏差代入公式，求出封闭环的基本尺寸偏差。它用于对已设计的图样进行校核验算。

（2）反计算法

已知封闭环的基本尺寸及偏差，求各组成环的基本尺寸及偏差。它主要用于产品设计过程中，以确定各零部件的尺寸和加工精度。

下面介绍利用"协调环"解算装配尺寸链的基本步骤：在组成环中，选择一个较容易加工或加工中受到限制较少有组成环作为"协调环"，其计算过程：首先按经济加工精度确定其他环的公差及偏差，然后利用公式算出"协调环"的公差及偏差。

（3）中间计算法

已知封闭环及组成环的基本尺寸及偏差，求另一组成环的基本尺寸及偏差。其计算较简便，不再赘述。

5）计算方法

（1）极值法

用极值法解算装配尺寸链的计算方法公式与解算工艺尺寸链的公式相同。其计算得到的组成环公差过于严格，在此从略。

（2）概率法

当封闭环的公差较小且组成环的数目又较多时，则各组成环按极大极小法分得的公差是很小的，其加工困难，制造成本增加。生产实践证明，加工一批零件时，当工艺能力系数满足时，零件实际加工尺寸大部分处于公差中间部分。因此，在成批大量生产中，当装配精度要求高且组成环的数目又较多时，应用概率法解算装配尺寸链较为合理。

概率法与极值法所用计算公式的区别只在封闭环公差的计算上，其他完全相同。

①极值法的封闭环公差为

$$T_0 = \sum_{i=1}^{m} T_i$$

式中　T_0——封闭环公差；

　　　T_i——组成环公差；

　　　m——组成环个数。

②概率法封闭环公差为

$$T_0 = \sqrt{\sum_{i=1}^{m} T_i^2}$$

式中　T_0——封闭环公差；

　　　T_i——组成环公差；

　　　m——组成环个数。

6）应用举例

如图 1.11 所示为齿轮部件的装配。轴是固定不动的，齿轮在轴上旋转，要求齿轮与挡圈的轴向间隙为 0.1～0.35 mm。已知 $A_1 = 30$ mm，$A_2 = 5$ mm，$A_3 = 43$ mm，$A_4 = 3_{-0.05}^{\ 0}$ mm（标准件），$A_5 = 5$ mm。现采用完全互换法装配，试确定各组成环的公差和极限偏差。

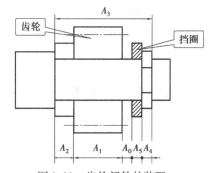

图 1.11　齿轮部件的装配

解　（1）确定封闭环

图 1.11 中，尺寸 A_0 是装配以后间接保证的尺寸，也是装配精度要求。因此，A_0 是封闭环。

（2）画装配尺寸链图

由分量环查找各组成环，画装配尺寸链图，如图 1.12 所示。

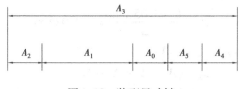

图 1.12　装配尺寸链

（3）校核各环的基本尺寸

由计算公式

$$A_0 = A_3 - (A_1 + A_2 + A_4 + A_5)$$
$$= 43 \text{ mm} - (30 + 5 + 3 + 5) \text{ mm} = 0$$

可知，各组成环的尺寸准确无误。

（4）确定各组成环的公差

先计算各组成环的平均公差 T_p，即 $T_p = T_0/m$，因

$$A_0 = 3 \text{ mm} + 0.35 \text{ mm} + 0.10 \text{ mm}$$

故

$$T_0 = 0.25 \text{ mm}$$

又 $m = 5$，即组成环数，故

$$T_p = \frac{T_0}{m} = \frac{0.25 \text{ mm}}{5} = 0.05 \text{ mm}$$

A_4 是标准件，其公差值为确定值，其值为 $T_4 = 0.05 \text{ mm}$。根据加工的难易程度，故选择公差为

$$T_1 = 0.06 \text{ mm}, \quad T_2 = 0.04 \text{ mm}, \quad T_3 = 0.07 \text{ mm}, \quad T_5 = 0.03 \text{ mm}$$

（5）确定各组成环的极限偏差

因 A_5 是垫片，易于加工和测量，故选 A_5 为协调环。A_1，A_2 为外尺寸，按基轴制确定极限偏差

$$A_1 = 30 \, _{-0.06}^{\ 0} \text{ mm}$$
$$A_2 = 5 \, _{-0.04}^{\ 0} \text{ mm}$$

A_3 为内尺寸，按基孔制确定极限偏差

$$A_3 = 43 \, ^{+0.07} \text{ mm}$$

（6）协调环的极限偏差的确定

封闭环的中间偏差为

$$\Delta_0 = \frac{0.35 \text{ mm} + 0.1 \text{ mm}}{2} = 0.225 \text{ mm}$$

各组成环的中间偏差为

$$\Delta_1 = \frac{0 - 0.06 \text{ mm}}{2} = -0.03 \text{ mm}$$

$$\Delta_2 = \frac{0 - 0.04 \text{ mm}}{2} = -0.02 \text{ mm}$$

$$\Delta_3 = \frac{0.07 \text{ mm} + 0}{2} = 0.035 \text{ mm}$$

$$\Delta_4 = \frac{0 - 0.05 \text{ mm}}{2} = -0.025 \text{ mm}$$

由 $\Delta_0 = \Delta_3 - (\Delta_1 + \Delta_2 + \Delta_4 + \Delta_5)$，得

$$\Delta_5 = \Delta_3 - (\Delta_1 + \Delta_2 + \Delta_4 + \Delta_0)$$
$$= 0.035 \text{ mm} - (-0.03 - 0.02 - 0.025 + 0.225) \text{ mm}$$
$$= -0.115 \text{ mm}$$

协调环 A_4 的极限偏差

$$ES = \frac{\Delta_5 + T_5}{2} = \frac{-0.115 \text{ mm} + 0.03 \text{ mm}}{2} = -0.0425 \text{ mm}$$

$$EI = \frac{\Delta_5 - T_5}{2} = \frac{-0.115 \text{ mm} - 0.03 \text{ mm}}{2} = -0.0725 \text{ mm}$$

故

$$A_5 = 5 {}_{-0.07}^{-0.04} \text{ mm}$$

【思考题】

1. 什么叫作装配？装配工作的基本内容有哪些？

2. 举例说明装配精度与零件精度的关系。

3. 装配的生产组织形式有哪几种？它们各有何特点？

4. 机械装配的一般过程的基本内容有哪些？

项目 2
机械装配工艺规程的编制

【教学目标】

能力目标:能够选择合理的装配方法。

能够根据产品的生产类型确定其适用的装配方法。

知识目标:了解机械装配方法的工艺特点。

掌握机械装配工艺方法选择的原则与方法。

素质目标:激发学生自主学习兴趣,培养学生团队合作和创新精神。

【项目导读】

装配方法的确定是整个机械制造过程的前期准备工作的基础。机器的各种零部件只有经过正确的装配,选择合适的装配方法,才能完成符合要求的产品。怎样将零件装配成机器,选择何种装配方法使装配后的产品达到装配精度的要求,编制出合理的装配工艺。

【任务描述】

学生以企业制造部门装配工艺员的身份进入机械装配工艺模块,根据机床主轴部件的特点制订合理的装配工艺路线。首先了解机械装配工艺的基本知识、制订装配工艺规程的原则和步骤;然后对机床主轴部件装配工艺进行分析,确定产品的装配方法;最后确定装配过程中各装配过程的安排、检测量具的选用及其装配精度等。通过对机床主轴部件装配工艺规程的制订,分析并解决产品装配过程中存在的问题和不足,并对编制工艺过程中存在的问题进行研讨和交流。

【工作任务】

了解常用机械的装配方法,能对常用的几种装配方法进行精度的计算;能灵活选用和使用各种装配方法。按照装配精度要求,分析产品装配图;确定合理的装配方法,拟订装配工艺路线,完成钻床夹具装配工艺规程的制订。

任务 2.1　机械装配方法的选择

【任务引入】

按照装配精度要求,了解产品装配工艺的基本内容,分析产品装配图;确定合理的装配方法,选用适用的各类装配与检测工具;确定装配工艺路线的拟订;确定完成产品装配工艺规程制订。

【相关知识】

由于产品的装配精度最终要靠装配工艺来保证,因此,装配工艺的核心问题就是用什么方法能够以最快的速度、最小的装配工作量和较低的成本来达到较高的装配精度要求。在生产实践中,人们根据不同的产品结构、不同的生产类型和不同的装配要求创造了许多巧妙的装配方法,归纳起来有4种:互换性、选配法、修配法及调整法。

2.1.1 互换法

互换法是在装配过程中同种零部件互换后仍能达到装配精度要求的一种方法。它可分为完全互换法和不完全互换法。

产品采用互换装配法时,装配精度主要取决于零部件的加工精度。互换法的实质就是用控制零部件的加工误差来保证产品的装配精度。

1) 完全互换法

采用极值法计算尺寸链时,装配时零部件不经任何选择、修配和调整,均能达到装配精度的要求,故称"完全互换法"。

(1) 完全互换法优点

装配质量稳定可靠;装配过程简单,装配效率高;对工人要求不高,易于实现自动装配;产品维修方便。在各种生产类型中都应优先采用。

(2) 完全互换法不足

当装配精度要求较高,尤其是在组成环数较多时,组成环的制造公差规定得严,零件制造困难,加工成本高。完全互换装配法适于在成批生产、大量生产中装配那些组成环数较少或组成环数虽多但装配精度要求不高的机器结构。

完全互换法的装配尺寸链,采用极值算法计算装配尺寸链。封闭环公差的分配原则是:当组成环是标准尺寸时(如轴承宽度、挡圈厚度等),其公差大小和分布位置为确定值。

某一组成环是不同装配尺寸链公共环时,其公差大小和位置根据对其精度要求最严的那个尺寸链确定;在确定各待定组成环公差大小时,可根据具体情况选用不同的公差分配方法,如等公差法、等精度法或按实际加工可能性分配法等;各组成环公差带位置按入体原则标注,但要保留一环作"协调环",协调环公差带的位置由装配尺寸链确定。协调环通常选易于制造并可用通用量具测量的尺寸。

例 2.1 如图 2.1 所示为齿轮部件。齿轮空套在轴上,要求齿轮与挡圈的轴向间隙为 $0.1 \sim 0.35$ mm。已知各零件有关的基本尺寸为: $A_1 = 30$ mm, $A_2 = 5$ mm, $A_3 = 43$ mm, $A_4 = 3^{\ 0}_{-0.05}$ mm (标准件), $A_5 = 5$ mm。用完全互换法装配,试确定各组成环的偏差。

解 (1) 建立装配尺寸链

建立装配尺寸链,如图 2.2 所示。

(2) 确定各组成环的公差

按等公差法计算,各组成环公差为

$$T_1 = T_2 = T_3 = T_4 = T_5 = \frac{(0.35 - 0.1)\,\text{mm}}{5} = 0.05 \text{ mm}$$

15

考虑加工难易程度,进行适当调整(A_4 为标准件,公差不变),得

$$T_4 = 0.05 \text{ mm}, \quad T_1 = 0.06 \text{ mm}, \quad T_3 = 0.1 \text{ mm}, \quad T_2 = T_5 = 0.02 \text{ mm}$$

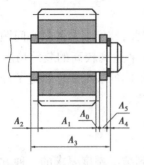

图 2.1　齿轮部件

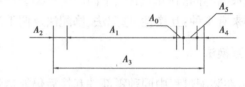

图 2.2　装配尺寸链

(3)确定各组成环的偏差

取 A_5 为协调环,A_4 为标准尺寸,公差带位置确定为

$$A_4 = 3_{-0.05}^{0} \text{ mm}$$

除协调环以外各组成环公差按入体标注,即

$$A_3 = 43_{0}^{+0.10} \text{ mm}, \quad A_2 = 5_{-0.2}^{0} \text{ mm}, \quad A_1 = 30_{-0.06}^{0} \text{ mm}$$

计算协调环偏差,得

$$EI_5 = -0.12 \text{ mm}, \quad ES_5 = -0.1 \text{ mm}$$

最后,可确定为

$$A_5 = 5_{-0.12}^{-0.10} \text{ mm}$$

采用完全互换法装配,装配过程虽然简单,但它是根据增环、减环同时出现极值情况来建立封闭环与组成环之间的尺寸关系的。由于组成环分得的制造公差过小,常使零件加工产生困难。因此,实际上,在一个稳定的工艺系统中进行成批生产和大量生产时,零件尺寸出现极值的可能性极小。

装配时,所有增环同时接近最大(或最小),而所有减环又同时接近最小(或最大)的可能性极小,可忽略不计。完全互换法装配以提高零件加工精度为代价来换取完全互换装配,有时是不经济的。

2)不完全互换法

大数互换装配法又称不完全互换装配法,其实质是将组成环的制造公差适当放大,使某一零件容易加工,这会使极少数产品的装配精度超出规定要求。只有大批量生产时,加工误差才符合概率规律。因此,大数互换装配法常用于大批量生产、装配精度要求较高且环数较多(大于4)的情况。

采用不完全互换法比采用完全互换法对各组成环加工要求放松了,可降低各组成环的加工成本。但装配后可能会有少量的产品达不到装配精度要求。这一问题一般可通过更换组成环中的 1~2 个零件加以解决。

采用完全互换法进行装配,可使装配过程简单,生产率高。因此,应首先考虑采用完全互换法装配。

但是,当装配精度要求较高,尤其是组成环数较多时,零件就难以按经济精度制造。这时,在较大批量生产条件下,就可考虑采用不完全互换法装配。

采用不完全互换法的条件是:相关零件公差平方之和的平方根小于或等于装配允许公差,即

$$T_{0S} = \frac{1}{K_0} \sqrt{\sum_{i=1}^{m-1} \xi_i^2 k_i^2 T_i^2} \leqslant T_0'$$

式中 T_{0S}——封闭环统计公差;

K_0——封闭环的相对分布系数;

k_i—— 第 i 个组成环的相对分布系数。

不完全互换法采用概率算法计算装配尺寸链,封闭环公差分配原则同完全互换法。

尺寸链公差概率算法如下:

各组成环均接近正态分布时,公差计算公式为

$$T_0 = \sqrt{\sum_{i=1}^{n} T_i^2}$$

式中 T_0——平方公差。

各组成环偏离正态分布时,公差计算公式为

$$T_0 = \sqrt{\sum_{i=1}^{n} k_i T_i^2}$$

式中 T_0——统计公差;

k——分布系数,定义为

$$k = \frac{6\sigma}{T}$$

为计算方便,作近似处理:令 $k_1 = k_2 = \cdots = k_n = k$,得到近似概率算法公差计算公式

$$T_0 = k \sqrt{\sum_{i=1}^{n} T_i^2}$$

(k 值常取 $1.2 \sim 1.6$)

例2.2   题同例2.1,用大数互换法计算。

解   (1)确定各组成环的公差

A_4 为标准尺寸,公差确定为

$$T_4 = 0.05 \text{ mm}$$

A_1, A_2, A_5 公差取经济公差

$$T_1 = 0.1 \text{ mm}, \quad T_2 = T_5 = 0.025 \text{ mm}$$

由式 $T_0 = k \sqrt{\sum\limits_{i=1}^{n} T_i^2}$,有

$$T_0 = k \sqrt{T_1^2 + T_2^2 + T_3^2 + T_4^2 + T_5^2}$$

取 $k = 1.4$,将 T_1, T_2, T_4, T_5 及 T_0 值代入,可求得

$$T_3 = 0.135 \text{ mm}$$

(2)确定各组成环的偏差

取 A_5 为协调环,A_4 为标准尺寸,公差带位置确定为

$$A_4 = 3_{-0.05}^{0} \text{ mm}$$

除协调环外,各组成环公差入体标注

$$A_3 = 43^{+0.135}_{0} \text{ mm}, \quad A_2 = 5^{0}_{-0.02} \text{ mm}, \quad A_1 = 30^{0}_{-0.1} \text{ mm}$$

计算协调环的偏差,得

$$A_{5M} = 4.93 \text{ mm}$$

于是

$$A_5 = 4.93 \text{ mm} \pm 0.0125 \text{ mm} = 5^{-0.0575}_{-0.0825} \text{ mm}$$

不完全互换法与完全互换法装配相比,组成环的制造公差较大,零件制造成本低;装配过程简单,生产效率高。

其不足的是:装配后有极少数产品达不到规定的装配精度要求,须采取相应的返修措施。统计互换装配方法适于在大批大量生产中装配那些装配精度要求较高且组成环数又多的机器结构。

2.1.2 选配法

在大量或成批生产条件下,当装配精度要求很高且组成环数较少时,可考虑采用选配法装配。

选配法是将尺寸链中组成环的公差放大到经济可行的程度来加工,装配时选择适当的零件配套进行装配,以保证装配精度要求的一种装配方法。

选配法有 3 种不同的形式:直接选配法、分组装配法和复合选配法。

1)直接选配法

装配时,由工人从许多待装的零件中直接选取合适的零件进行装配,来保证装配精度的要求。这种方法的特点是:装配过程简单,但装配质量和时间很大程度上取决于工人的技术水平。由于装配时间不易准确控制,因此,不宜用于节拍要求较严的大批大量生产中。

2)分组装配法

分组装配法又称分组互换法,是将组成环的公差值放大数倍,使其能按经济精度进行加工。装配时,首先测量尺寸,根据尺寸大小将零件分组,然后按对应组分别进行装配,来达到装配精度的要求,而且组内零件装配是完全互换的。例如,发动机气缸与活塞的装配多采用这种方法。

例 2.3 活塞与活塞销在冷态装配时,要求有 0.0025 ~ 0.0075 mm 的过盈量。若活塞销孔与活塞销直径的基本尺寸为 28 mm,加工经济公差为 0.01 mm。现采用分组选配法进行装配,试确定活塞销孔与活塞销直径分组数目和分组尺寸,如图 2.3、图 2.4 所示。

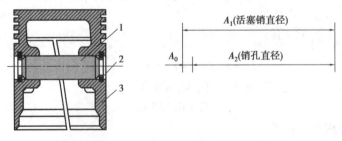

图 2.3 活塞销与活塞销孔装配尺寸链

解 发动机中活塞销与销孔的配合精度很高,确定如图 2.4 所示的 4 组分组尺寸。

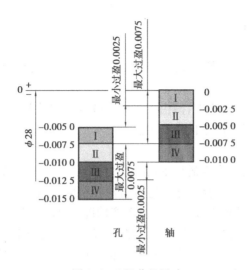

图 2.4　4 组分组尺寸

3）复合选配法

复合选配法是直接选配法与分组装配法两种方法的复合，即零件公差可适当放大，加工后先测量分组，装配时再在各对应组内由工人进行直接选配，如图 2.5 所示。

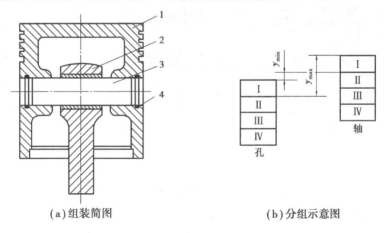

（a）组装简图　　　　　　　　　　　　（b）分组示意图

图 2.5　活塞、活塞销和连杆分组装配实例
1—活塞；2—连杆；3—活塞销；4—挡圈

2.1.3　修配法

在单件小批或成批生产中，当装配精度要求较高、装配尺寸链的组成环数较多时，常采用修配法来保证装配精度要求。

所谓修配法，就是将装配尺寸链中组成环按经济加工精度制造，装配时按各组成环累积误差的实测结果，通过修配某一预先选定的组成环尺寸，或就地配制这个环，以减少各组成环产生的累积误差，使封闭环达到规定精度的一种装配工艺方法。

常见的修配法有以下 3 种：

1）单件修配法

在装配时，选定某一固定的零件作修配件进行修配，以保证装配精度的方法，称为单件修配法。此法在生产中应用最广。

2）合并加工修配法

这种方法是将两个或多个零件合并在一起当成一个零件进行修配。这样减少了组成环的数目，从而减少了修配量。

合并加工修配法虽有上述优点，但由于零件合并要对号入座，给加工、装配和生产组织工作带来不便。因此，多用于单件小批生产中。

3）自身加工修配法

在机床制造中，利用机床本身的切削加工能力，用自己加工自己的方法可方便地保证某些装配精度要求，这就是自身加工修配法。这种方法在机床制造中应用极广。

修配法最大的优点就是各组成环均可按经济精度制造，而且可获得较高的装配精度。但是，由于产品需逐个修配，故没有互换性，且装配劳动量大，生产率低，对装配工人技术水平要求高。因此，修配法主要用于单件小批生产和中批生产中装配精度要求较高的场合。

例2.4 车床装配前后轴线等高，$A_0 = 0^{+0.06}$ mm，$A_1 = 202$ mm，$A_2 = 46$ mm，$A_3 = 156$ mm，试确定修配环及尺寸公差，如图2.6所示。

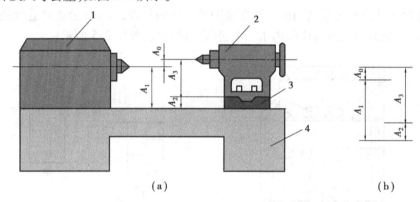

（a）　　　　　　　　　　　　　　　　　　（b）

图2.6　车床主轴线与尾座中心线的等高性要求

1—主轴箱；2—尾座；3—底板；4—床身

解　（1）按完全互换法求组成环平均公差

$$T_{avA} = \frac{T_0}{m-1} = \frac{0.06 \text{ mm}}{3} = 0.02 \text{ mm}$$

（2）选择修配环

因公差小，不经济，故用修配法。

刮修方便，选 A_2，A_3 合并成为修配环。

（3）按经济精度定组成环公差及 A_1 偏差

A_1，A_{23} 用镗模加工，得

$$T_1 = T_{23} = 0.1 \text{ mm}, \quad A_1 = 202 \text{ mm} \pm 0.05 \text{ mm}$$

$$A_{23} = 46 \text{ mm} + 156 \text{ mm} = 202 \text{ mm}$$

（4）确定修配环偏差

修配环 A_{23} 为增环，刮修 $A_{23} \rightarrow A_0$ 减小，则

$$A'_{0min} \geq A_{0min}, \quad A_{23min} - A_{1max} = 0$$

$$A_{23\min} = A_{1\max} = 202.05 \text{ mm}, \quad A_{23\max} = A_{23\min} + T_{23} = 202.15 \text{ mm}$$

$$A_{23} = 202^{+0.1} \text{ mm}$$

(5)确定实际修配环偏差

取最小刮研量为 0.15 mm,则

$$A'_{23} = 202^{+0.15}_{-0.15} \text{ mm} + 0.15 \text{ mm} = 202^{+0.30}_{-0.15} \text{ mm}$$

最大刮量为

$$Z'_{\max} = A'_{0\max} - A_{0\max} = 202.30 \text{ mm} - 201.95 \text{ mm} - 0.06 \text{ mm} = 0.29 \text{ mm}$$

实际上,正好刮到最大尺寸是很少的修刮量会稍大于 0.29 mm。

当修配环为减环时,随着修刮使封闭环实际尺寸变大,应使

$$A'_{0\max} \leqslant A_{0\max}$$

正确选择修配对象,应选便于装拆、修配与测量的,不需热处理、非公共环作修配环。修配件余量要经过计算,尽量利用机械加工代替手工修配。

2.1.4　调整法

调整法是将尺寸链中各组成环按经济精度加工,装配时通过更换尺寸链中某一预先选定的组成环零件或调整其位置来保证装配精度的方法。

装配时进行更换或调整的组成环零件,称为调整件。该组成环称为调整环。

调整法和修配法在原理上是相似的,但具体方法不同。根据调整方法的不同,调整法可分为可动调整法、固定调整法和误差抵消调整法 3 种。

1)可动调整法

在装配时,通过调整、改变调整件的位置来保证装配精度的方法,称为可动调整法。

可动调整法不仅能获得较理想的装配精度,而且在产品使用中由于零件磨损使装配精度下降时,可重新调整使产品恢复原有精度。因此,该法在实际生产中应用较广,如图 2.7 所示。

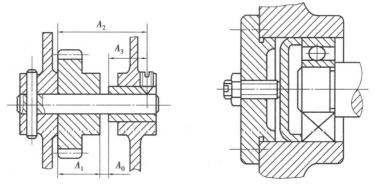

图 2.7　可动调整法

2)固定调整法

在装配时,通过更换尺寸链中某一预先选定的组成环零件来保证装配精度的方法,称为固定调整法。预先选定的组成环零件即调整件,需要按一定尺寸间隔制成一组专用零件。常用的调整件有垫片、套筒等。

例 2.5　$A_0 = 0^{+0.20}$ mm,$A_1 = 115$ mm,$A_2 = 8.5$ mm,$A_3 = 95$ mm,$A_4 = 2.5$ mm,$A_5 = 9$ mm,以固定调整法解各组成环偏差,求调整环的分组数和调整环尺寸系列。

解 （1）建立装配尺寸链

建立装配尺寸链，如图2.8所示。

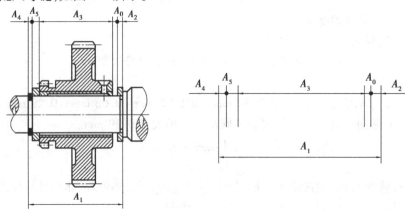

图2.8 装配尺寸链

（2）选择调整环

选择 A_5 为调整环。

（3）确定各组成环公差及偏差

确定各组成环公差及偏差为

$$T_2 = T_3 = 0.10 \text{ mm}, \quad T_4 = 0.12 \text{ mm}, \quad T_5 = 0.03 \text{ mm}$$

按入体原则分公差，A_1 为协调环。

A_1 偏差按尺寸链计算确定

$$EI_{A0} = EI_{A1} - ES_{A2} - ES_{A3} - ES_{A4} - ES_{A5}$$
$$0.05 = EI_{A1} - 0 - 0 - 0 - 0$$
$$T_1 = 0.15 \text{ mm}, \quad ES_{A1} = 0.20 \text{ mm}$$

（4）确定调整范围 δ

实测空隙 A，包含 A_5 和 A_0，A 为尺寸链中的封闭环，则

$$A_{max} = A_{1max} - A_{2min} - A_{3min} - A_{4min}$$
$$= 115.2 \text{ mm} - (8.5 - 0.1) \text{ mm} - (95 - 0.1) \text{ mm} - (2.5 - 0.12) \text{ mm} = 9.52 \text{ mm}$$
$$A_{min} = A_{1min} - A_{2max} - A_{3max} - A_{4max}$$
$$= 115.05 \text{ mm} - 8.5 \text{ mm} - 95 \text{ mm} - 2.5 \text{ mm} = 9.05 \text{ mm}$$
$$\delta = A_{max} - A_{min}$$
$$= 9.52 \text{ mm} - 9.05 \text{ mm} = 0.47 \text{ mm}$$

（5）确定调整环的分组数 i

因 $\delta > T_0$，应将调整环分组。在对应组尺寸链中，实测间隙 A、调整环 A_5 为组成环，A_0 为封闭环，则

$$T_0 = \Delta + T_5$$

Δ 为分组间隔，即一组中 A 变化范围，则

$$i = \frac{\delta}{\Delta} = \frac{\delta}{T_0} - T_5$$
$$= \frac{0.47 \text{ mm}}{(0.15 - 0.03) \text{ mm}} \approx 3.9$$

取 $i = 4$，分组数不宜过多。

（6）确定调整环 A_5 的尺寸系列

确定调整环 A_5 的尺寸系列（见图 2.9），可得

$$A_{0min} = A_{min} - A_{5max} = 9.05 - A_5$$

$$A_5 = 9.05 \text{ mm} - 0.05 \text{ mm} = 9 \text{ mm}$$

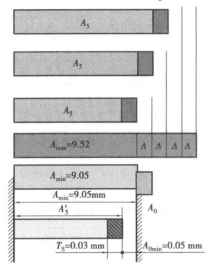

图 2.9　装配尺寸关系图

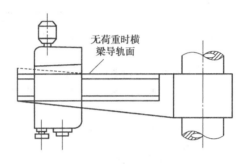

图 2.10　前后轴承调整

3）误差抵消调整法

在产品或部件装配时，通过调整有关零件的相互位置，使其加工误差相互抵消一部分，以提高装配的精度，这种方法称为误差抵消调整法。该方法在机床装配时应用较多。例如，在机床主轴装配时，通过调整前后轴承的径向跳动方向来控制主轴的径向跳动，如图 2.10 所示。

在机械产品装配时，应根据产品的结构、装配的精度要求、装配尺寸链环数的多少、生产类型及具体生产条件等因素合理选择装配方法。

一般情况下，只要组成环的加工较经济可行时，就应优先采用完全互换法。若生产批量较大、组成环又较多时，应考虑采用不完全互换法。

当采用互换法装配使组成环加工较困难或不经济时，可考虑采用其他方法：

①大批大量生产，组成环数较少时，可考虑采用分组装配法。

②组成环数较多时，应采用调整法。

③单件小批生产常用修配法，成批生产也可酌情采用修配法。

装配方法的选用见表 2.1、表 2.2。

表 2.1　装配方法的选用

装配方法		适用范围
互换法	完全互换法	优先选用，多用于低精度或较高精度且环数少的情况
	统计互换法	大批量生产装配精度要求较高且环数较多的情况
选配法	直接选配法	成批大量生产精度要求很高且环数少的情况
	分组选配法	大批量生产精度要求特别高且环数少的情况
	复合选配法	大批量生产精度要求特别高且环数少的情况

续表

装配方法		适用范围
修配法		单件小批生产装配精度要求很高且环数较多的情况,组成环按经济精度加工,生产率低
调整法	可动调整法	小批生产装配精度要求较高且环数较多的情况
	固定调整法	大批量生产装配精度要求较高且环数较多的情况
	误差抵消调整法	小批生产装配精度要求较高且环数较多的情况

表2.2 常用装配方法及其适用范围

装配方法	工艺特点	适用范围
完全互换法	1.配合件公差之和小于或等于规定装配公差 2.装配操作简单;便于组织流水作业和维修工作	大批量生产中零件数较少、零件可用加工经济精度制造者,或零件数较多但装配精度要求不高者
不完全互换法	1.配合件公差平方和的平方根小于或等于规定的装配公差 2.装配操作简单,便于流水作业 3.会出现极少数超差件	大批量生产中零件数略多、装配精度有一定要求,零件加工公差较完全互换法可适当放宽;完全互换法适用产品的其他一些部件装配
分组选配法	1.零件按尺寸分组,将对应尺寸组零件装配在一起 2.零件误差较完全互换法可大数倍	适用于大批量生产中零件数少、装配精度要求较高又不便采用其他调整装置的场合
修配法	预留修配量的零件,在装配过程中通过手工修配或机械加工,达到装配精度	用于单件小批生产中装配精度要求高的场合
调整法	装配过程中调整零件之间的相互位置,或选用尺寸分级的调整件,以保证装配精度	动调整法多用于对装配间隙要求较高并可设置调整机构的场合;静调整法多用于大批量生产中零件数较多、装配精度要求较高的场合

任务2.2 装配工艺规程的编制

【任务引入】

按照装配精度要求,了解产品装配工艺的基本内容,分析产品装配图;确定合理的装配方法,选用适用的各类装配与检测工具,确定装配工艺路线的拟订,完成 U 形钻床夹具的装配工艺规程制订。

【相关知识】

2.2.1　装配实施步骤

1）规划装配顺序

规划装配顺序就是装配操作前要规划好先装什么后装什么。装配顺序基本上是由设备的结构特点和装配形式决定的。装配顺序总是首先确定一个零件作为基准件，然后将其他零件依次装到基准件上。例如，机床的总装顺序总是以机床床身为基准件，其他零件（或部件）逐次往上装。一般来说，机械设备的装配可按照由下部到上部、由固定件到运动件、由内部到外部等规律来安排装配顺序。

2）编制装配工艺规程

装配工艺规程是指将合理的装配工艺过程和操作方法等按一定的格式编写而成的书面文件。广义上，产品及其部件的装配图，尺寸链分析图，各种装配工装的设计，应用图、检验方法图及其说明，零件装配时的补充加工技术要求，产品及部件的运转试验规范及所有设备图，以及装配周期图表等均属于装配工艺规程范围内的文件。狭义上，装配工艺规程文件主要是指装配单元系统图、装配工艺系统图、装配工艺过程卡片及装配工序卡片。它是组织装配工作、指导装配作业的主要依据。一般装配工艺文件包含装配工艺流程图、装配工艺过程卡、装配工序卡、零件清单及工具清单等。下面介绍几种最常用的装配工艺文件。

（1）装配工艺流程图

装配工艺流程图是将工艺路线、工艺步骤以及具体工作点及内容等用图示方式表达出来的一种技术图样。它是指导装配工作的组织实施以及分析和编制工艺规程的基本指导文件。装配工艺流程图一般应清晰地体现工艺路线、工作顺序、具体工作点及工作内容等，并有正确的图样标记说明。

（2）装配工艺过程卡

装配工艺过程卡属于装配工艺规程的基本文件，是整个装配工作的系统指导文件。一般包含工作内容、工艺装备和工时定额等。

（3）装配工序卡

如果说装配工艺过程卡是指导整个装配工作的系统文件，那么，装配工序卡则是对装配工艺过程卡的进一步说明。它更具体和更细化，更具有针对性，是对装配工艺过程卡中每一道工序的具体要求。

2.2.2　制订装配工艺过程的基本原则

1）制订装配工艺规程的基本原则

①保证产品的装配质量，力求提高质量以延长产品的使用寿命。

②合理安排装配工序，尽量减少钳工装配工作量，缩短装配周期，提高装配效率。

③尽可能减少装配占地面积，提高单位面积的生产率，并力求降低装配成本。

2）制订装配工艺规程所需的原始资料

①产品的总装图和部件装配图，必要时还应有重要零件的零件图。

②验收技术标准，它规定了产品性能的检验、试验工作的内容和方法。

③产品的生产纲领。

④现有生产条件包括本厂现有装配设备和工艺装备、工人技术水平、车间作业面积等。

3）装配艺规程的内容

①各零部件的装配顺序和装配方法。

②装配的技术要求和检验方法。

③装配所需的夹具、工具和设备。

④装配的生产组织形式和运输方法、运输工具。

⑤装配工时定额。

2.2.3 制订装配工艺规程的方法与步骤

1）研究产品的装配图及验收技术条件

①审核产品图样的完整性、正确性。

②分析产品的结构工艺性。

③审核产品装配的技术要求和验收标准。

④分析和计算产品装配尺寸链。

审核产品图样的完整性、正确性；对产品结构进行装配尺寸链分析，对机器主要装配技术条件要逐一进行研究分析，包括保证装配精度的装配工艺方法、零件图相关尺寸的精度设计等；对产品结构进行结构工艺性分析，如发现问题，应及时提出，并会同有关工程技术人员商讨图纸修改方案，报主管领导审批。

2）确定装配方法与组织形式

（1）装配方法的确定

主要取决于产品结构的尺寸大小和质量，以及产品的生产纲领。

（2）装配组织形式

①固定式装配

全部装配工作在一固定的地点完成。根据生产规模，固定式装配可分为集中式固定装配和分散式固定装配。

固定式装配多适用于单件小批生产和体积、质量大的设备的装配。在成批生产中，装配那些质量大、装配精度要求较高的产品时，有些工厂采用固定流水装配形式进行装配。其装配工作地固定不动，装配工人则带着工具沿着装配线一个一个地在固定式装配台上重复完成某一装配工序的装配工作。

②移动式装配

移动式装配是将零部件按装配顺序从一个装配地点移动到下一个装配地点，分别完成一部分装配工作。各装配点工作的总和就是整个产品的全部装配工作。它适用于大批量生产。

3）划分装配单元，确定装配顺序

①选择装配基准件。

②无论哪一级装配单元，都要选定一个零件或比它低一级的装配单元作为装配基准件。其选择原则如下：

a.基准件应是产品的基体或主干零部件。

b.基准件应有较大的体积和质量，有足够的支承面，以满足后续装入零部件时的稳定性等要求。

c. 基准件的补充加工量应最少,尽可能不进行后续加工。

d. 基准件应有利于装配过程的检测,以及工序之间的传递运输和翻身、转位等作业。

③确定装配顺序。

在确定装配顺序时,应遵循以下原则:

a. 预处理工序先行。如零件的去毛刺、清洗、防锈、涂装、干燥等应优先安排。

b. 先基础后其他。为使产品在装配过程中重心稳定,应先进行基础件的装配。

c. 先精密后一般、先难后易、先复杂后简单。因刚开始装配时基础件内的空间较大,比较好安装、调整和检测,也较容易保证装配精度。

d. 前后工序互不影响、互不妨碍。按"先里后外、先下后上"的顺序进行装配;将易破坏装配质量的工序(如需要敲击、加压、加热等的装配)安排在前面,以免操作时破坏前工序的装配质量。

e. 类似工序、同方位工序集中安排。对使用相同工装、设备和具有共同特殊环境的工序应集中安排;对处于同一方位的装配工序也应尽量集中安排,以防止基准件多次转位和翻转。

f. 电线、油(气)管路同步安装。为防止零部件反复拆装,在机械零件装配的同时应把需装入内部的各种油管、气管和电线等同步装配进去。

g. 最后安装危险品。为安全起见,对易燃、易爆、易碎或有毒物质的安装应尽量放在最后。

如图 2.11 所示,产品装配系统图反映装配单元的划分、装配顺序的安排和装配工艺方法等。产品装配系统图是装配工艺规程的主要文件之一,也是划分装配工序的依据。对单件小批生产或结构较简单、零部件较少的产品,常用此图来指导产品装配;对较复杂的产品,可分别绘制各装配单元的装配系统图,再进一步制订装配工艺卡。

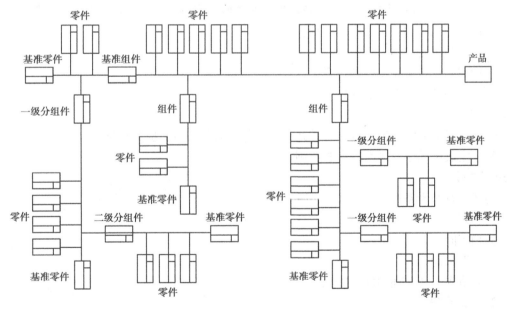

图 2.11   产品装配系统图

产品装配系统图的绘制方法如下:

a. 画一条带箭头的横线,起点是装配基准件,终点是装配后的产品。

b. 按装配顺序从左向右,依次引入需装入基准件的装配单元,零件画在横线的上方,合件、组件画在横线的下方。各零件或装成的组件、部件都用长方格表示,长方格的上方填写装配单元的名称,左下方填写装配单元的编号,右下方填写装配单元的件数。装配单元中零部件的编号必须与装配图中的编号一致。

c.在适当的位置加注必要的工艺说明,如焊接、配刮、配钻、配铰、攻螺纹、检验、冷压及热压等。

4)划分装配工序

装配顺序确定后,还应将装配过程划分成若干装配工序,并确定工序内容、所用设备、工装和时间定额;制订各工序装配操作范围和规范,如过盈配合的压入方法、热胀法装配的加热温度、紧固螺栓的预紧扭矩、滚动轴承的预紧力等;制订各工序装配质量要求及检测方法、检测项目等。在划分工序时,要注意以下两点:

①流水线装配时,工序的划分要注意流水线的节拍,使每个工序所需的时间大致相等。

②组件的重要部分,在装配工序完成后必须加以检查,以保证质量。在重要而又复杂的装配工序中,用文字表达不清楚时还需绘出局部的指导性图样。

5)编写装配工艺卡和工序卡

成批生产时,通常制订部件及总装的装配工艺卡,在工艺卡上只需写明工序顺序、简要工序内容、所需设备、工装名称及编号、工人技术等级及时间定额等。重要工序,则应制订相应的装配工序卡。

大批量生产时,不仅要制订装配工艺卡,还需为每个工序制订装配工序卡,以详细说明工序的工艺内容,并画出局部指导性装配简图。

6)制订装配检验与试验规范

产品总装完毕后,应根据产品的技术性能和验收技术标准进行验收。其主要内容包括:

①检测和试验的项目及质量标准。

②检测和试验方法、条件与环境。

③检测和试验所需工装的选择与设计。

④质量问题的分析方法和处理措施。

【思考题】

1.保证产品装配精度的方法有哪几种?它们各有何特点?应如何选择?

2.确定装配顺序时应考虑哪些原则?

【任务实施】

1)实施环境和条件

(1)场地

实训车间。

(2)机械部件

U形钻床夹具、曲柄滑块机构。

2)实施步骤

①3人一组,以组为单位,读懂部件的装配图与现场机械部件。

②以组为单位,讨论U形钻床夹具和曲柄滑块机构的装配工艺过程。

③每组汇报,完成U形钻床夹具、曲柄滑块机构装配工艺流程图。

【考核评价】

序号	评分项目	评分标准	分值	检测结果	得分
1	读懂装配图	写出装配的技术要求及所需达到的精度要求	20		
2	汇报本组部件的装配过程	所选的装配工艺是否合理,并做工作汇报	30		
3	完成装配工艺流程图	每 3 人一组,按企业标准上交工艺流程图	50		

项目 3
识读装配图

【教学目标】

能力目标:能够分析零件,读懂零件形状。

能够选择结合零件的作用和零件间的装配关系,全面读懂装配图。

能够分析装配关系、传动关系和工作原理。

知识目标:了解装配图在生产与设计中的作用和装配图的内容。

掌握装配图的尺寸标注,能够区分其与零件图的尺寸标注的不同。

熟悉装配图的零部件编号与明细栏。

素质目标:激发学生自主学习兴趣,培养学生团队合作和创新精神。

激发学生严谨、一丝不苟的敬业精神。

【项目导读】

读装配图的目的是从装配图中了解部件中各个零件的装配关系,分析部件的工作原理,并能分析和读懂其中主要零件及其他有关零件的结构形状。

【任务描述】

学生以企业制造部门装配工艺员的身份进入机械装配工艺模块,根据机床主轴部件的特点制订合理的装配工艺路线。学生在对装配工艺基础知识了解的基础上,读懂装配图,进一步了解各零件的相互关系,分析解决产品装配过程中精度是否能达到要求,对存在的问题和不足进行研讨和交流。

【工作任务】

在机械设计和机械制造的过程中,装配图是不可缺少的重要技术文件。它是表达机器或部件的工作原理及零部件之间的装配与联接关系的技术图样。在了解产品装配工艺基本内容的基础上,能按照装配精度要求,经过学习读懂产品的装配图。

任务 3.1 识读装配图内容的组成

【任务引入】

按照装配精度要求,了解产品装配工艺的基本内容,分析产品装配图。

【相关知识】

在产品或部件的设计过程中,一般是先设计画出装配图,再根据装配图进行零件设计,画出零件图;在产品或部件的制造过程中,先根据零件图进行零件加工和检验,再按照依据装配图所制订的装配工艺规程将零件装配成机器或部件;在产品或部件的使用、维护及维修过程中,也经常要通过装配图来了解产品或部件的工作原理及构造。

3.1.1 装配图的作用和内容

1)装配图的作用

装配图是机器设计中设计意图的反映,是机器设计、制造的重要技术依据。它是表达机器、部件或组件的图样。在机器或部件的设计制造及装配时都需要装配图。用装配图来表达机器或部件的工作原理,零件之间的装配线关系和各零件的主要结构形状,以及装配、检验和安装时所需的尺寸与技术要求。表达一台完整机器的装配图,称为总装装配图(总图)。表达机器中某个部件或组件的装配图,称为部件装配图或组件装配图。通常总图只表示各部件之间的相对位置关系和机器的整体情况,而把整台机器按各部件分别画出装配图。装配图的作用主要体现在以下 4 个方面:

①在新设计或测绘装配体时,要画出装配图表示该机器或部件的构造和装配关系,并确定各零件的主要结构和协调各零件的尺寸等,是绘制零件的依据。

②在生产中装配机器时,要根据装配图制订装配工艺规程。装配图是机器装配、检验、设计及安装工作的依据。

③使用和维修中,装配图是了解机器或部件工作原理、结构性质,从而决定操作、保养、拆装及维修方法的依据。

④在进行技术交流、引进先进技术或更新改造原有设备时,装配图也是不可缺少的资料。

读装配图的目的是从装配图中了解部件中各个零件的装配关系,分析部件的工作原理,并能分析和读懂其中主要零件及其他有关零件的结构形状。

2)装配图的内容

(1)一组视图

根据产品或部件的具体结构,选用适当的表达方法,用一组视图正确、完整、清晰地表达产品或部件的工作原理、各组成零件间的相互位置和装配关系及主要零件的结构形状。装配图有主视图(全剖)、俯视图(局部剖)、左视图(半剖),可满足表达要求。

(2)必要的尺寸

装配图中必须标注反映产品或部件的规格、外形、装配、安装所需的必要尺寸。另外,在设计过程中,经过计算而确定的重要尺寸也必须标注。

(3)技术要求

在装配图中,用文字或国家标准规定的符号注写出该装配体在装配、检验、使用等方面的要求。

(4)零部件序号、标题栏和明细栏

按国家标准规定的格式绘制标题栏和明细栏,并按一定格式将零部件进行编号,填写标题栏和明细栏。

3.1.2 装配图的尺寸标注和技术要求

由于装配图主要是用来表达零部件的装配关系的。因此,在装配图中不需要注出每个零件的全部尺寸,而只需注出一些必要的尺寸。这些尺寸按其作用不同,可分为以下5类:

1)规格尺寸

规格尺寸是表明装配体规格和性能的尺寸,是设计和选用产品的主要依据。

2)装配尺寸

装配尺寸包括零件之间有配合关系的配合尺寸以及零件之间相对位置尺寸。

3)安装尺寸

安装尺寸是机器或部件安装到基座或其他工作位置时所需的尺寸。

4)外形尺寸

外形尺寸是指反映装配体总长、总宽、总高的外形轮廓尺寸。

5)其他重要尺寸

在设计过程中,经过计算而确定的尺寸和主要零件的主要尺寸以及在装配或使用中必须说明的尺寸。

上述5类尺寸并非装配图中每张装配图上都需全部标注,有时同一个尺寸可同时兼有几种含义。因此,装配图上的尺寸标注要根据具体的装配体情况来确定。

装配图上对每种零件或组件进行编号,并编制明细栏,依次填写明细表,写出各种零件的序号、名称、规格、数量、材料等内容。

3.1.3 装配图的零部件编号与明细栏

1)装配图中零部件序号及其编排方法

(1)一般规定

①装配图中,所有的零部件都必须编写序号。

②装配图中,一个部件可只编写一个序号;同一装配图中相同的零部件只编写一次。

③装配图中,零部件序号要与明细栏中的序号一致。

(2)序号的编排方法

①装配图中,编写零部件序号的常用方法有3种,如图3.1所示。

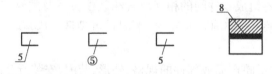

图 3.1 序号表示方法

②同一装配图中,编写零部件序号的形式应一致。

③指引线应自所指部分的可见轮廓引出,并在末端画一圆点。如所指部分轮廓内不便画圆点时,可在指引线末端画一箭头,并指向该部分的轮廓。

④指引线可画成折线,但只可曲折一次。

⑤一组紧固件以及装配关系清楚的零件组,可采用公共指引线。

⑥零件的序号应沿水平或垂直方向按顺时针或逆时针方向排列,序号间隔应尽可能相等。

2）图中的标题栏及明细栏

（1）标题栏

装配图中的标题栏格式与零件图中的标题栏格式相同。

（2）明细栏

明细栏一般放在标题栏上方，并与标题栏对齐，用于填写组成零件的序号、名称、材料、数量、标准件规格以及零件热处理要求等。在装配图中，各零件必须标注序号，并编入明细栏。

绘制明细栏时，应注意以下问题：

①明细栏和标题栏的分界线是粗实线，明细栏的外框竖线是粗实线，横线和内部竖线均为细实线（包括最上一条横线）。

②填写序号时，应由下向上排列，这样便于补充编排序号时被遗漏的零件。当标题栏上方位置不够时，可在标题栏左方继续列表由下向上延续。

③标准件的国家标准代号应写入备注栏。备注栏还可用于填写该项的附加说明或其他有关的内容。

3）装配图的技术要求

装配图的技术要求一般用文字注写在图样下方的空白处。技术要求因装配体的不同，其具体的内容有很大不同，但技术要求一般应包括以下 3 个方面：

（1）装配要求

装配要求是指装配后必须保证的精度以及装配时的要求等。

（2）检验要求

检验要求是指装配过程中及装配后必须保证其精度的各种检验方法。

（3）使用要求

使用要求是对装配体的基本性能、维护、保养、使用时的要求。

任务 3.2　读懂虎钳装配图

【任务引入】

分析虎钳装配图；读懂虎钳所需的技术要求，装配后能达到何种精度要求。在视图分析中，清楚对每个零件采用何种视图才能将零件表达完整。

【相关知识】

3.2.1　装配图表达方式

1）视图表达

3 个基本视图，1 个局部视图，如图 3.2 所示。

2）主视图

采用全剖视图，反映台虎钳的工作原理和零件之间的装配关系。

3）俯视图

反映固定钳身的结构形状，并用局部剖视图表达钳口板与钳座的局部结构。

4）左视图

采用半剖视图,剖切位置标注在主视图上。

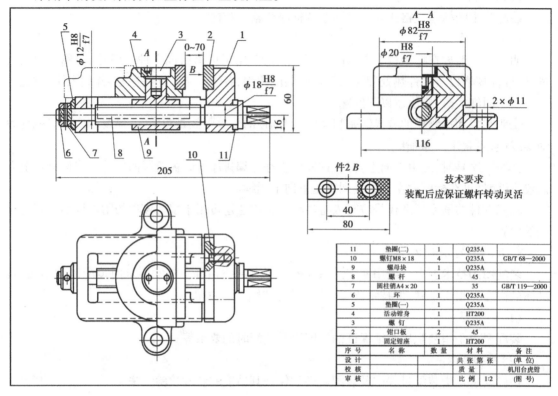

11	垫圈(二)	1	Q235A	
10	螺钉M8×18	4	Q235A	GB/T 68—2000
9	螺母块	1	Q235A	
8	螺杆	1	45	
7	圆柱销A4×20	1	35	GB/T 119—2000
6	环	1	Q235A	
5	垫圈(一)	1	Q235A	
4	活动钳身	1	HT200	
3	螺钉	1	Q235A	
2	钳口板	2	45	
1	固定钳座	1	HT200	
序 号	名 称	数 量	材 料	备 注
设 计			共 张 第 张	(单位)
校 核			质 量	机用台虎钳
审 核			比 例 1:2	(图号)

图 3.2　虎钳装配图

3.2.2　了解装配关系和工作原理

1）工作原理

　　旋转螺杆8使螺母块9带动活动钳身4作水平方向左右移动,加紧或松开零件。最大夹持厚度为70 mm,图3.2中的双点画线表示活动钳身的极限位置。

2）装配关系

　　螺母块从固定钳身的下方装入工字形槽内,再装入螺杆,并由垫圈11、垫圈5、环6及圆柱销7轴向固定。螺钉将活动钳身与螺母块联接,用螺钉10将两块钳口板与活动钳身和固定钳座相联。

3.2.3　分析零件,读懂零件形状

　　台虎钳的主要零件有固定钳座、螺杆、螺母块及活动钳身等。

　　固定钳身的下方为工字形槽,装入螺母块,螺母块带动活动钳身沿固定钳座的导轨移动。因此,导轨表面有较高的表面粗糙度要求,如图3.3所示。

　　螺母块与螺杆旋和,随螺杆转动,并带动活动钳身左右移动。其上的螺纹有较高的表面粗糙度要求,螺母块的结构是上圆下方,上部圆柱与活动钳身配合,有尺寸公差的要求。

　　螺杆在钳座两端的圆柱孔内转动,两端与圆孔采用基孔制 $\phi18H8/f7$, $\phi12H8/f6$ 的配合,

如图 3.4 所示。

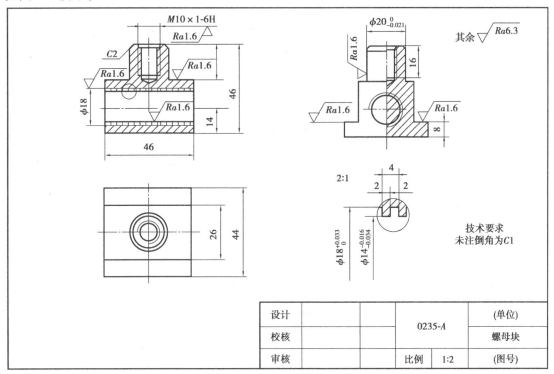

图 3.3 固定钳座

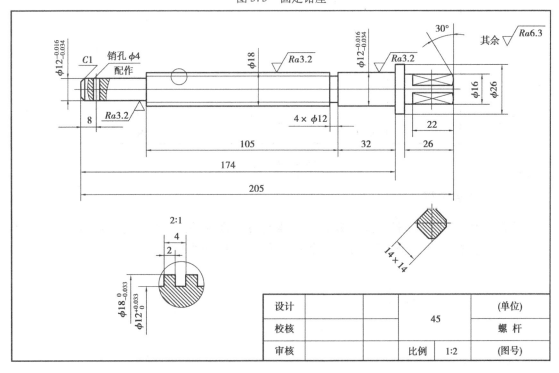

图 3.4 螺杆

活动钳身在固定钳座的水平导面上移动,结合面采用基孔制 82H8/f7 的间隙配合,如图 3.5 所示。

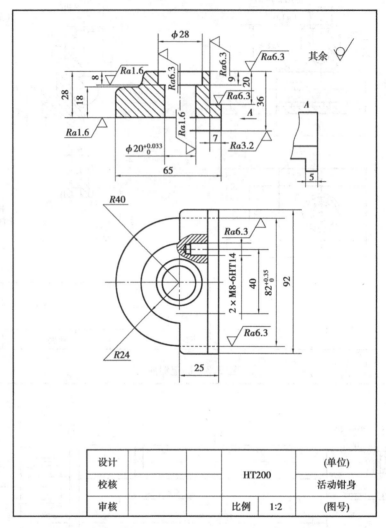

设计			HT200	(单位)
校核				活动钳身
审核		比例	1:2	(图号)

图 3.5　活动钳身

3.2.4　综合分析

结合零件的作用和零件之间的装配关系,装配图上和零件图上的尺寸及技术要求等进行全面的归纳总结,形成一个完整的认识,全面读懂装配图,如图 3.6 所示。

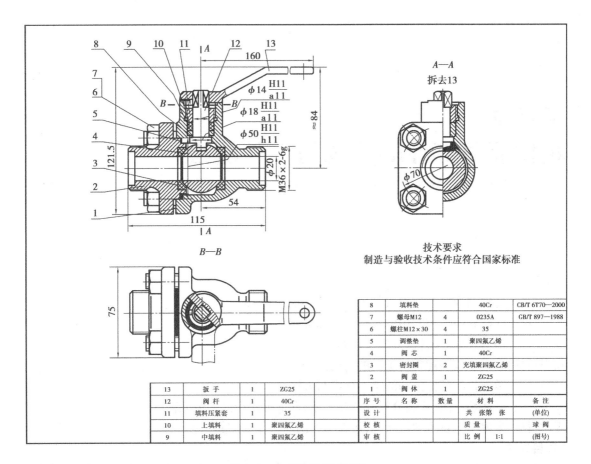

13	扳 手	1	ZG25	
12	阀 杆	1	40Cr	
11	填料压紧套	1	35	
10	上填料	1	聚四氟乙烯	
9	中填料	1	聚四氟乙烯	

8	填料垫		40Cr	CB/T 6T70—2000
7	螺母M12	4	0235A	GB/T 897—1988
6	螺柱M12×30	4	35	
5	调整垫	1	聚四氟乙烯	
4	阀 芯	1	40Cr	
3	密封圈	2	充填聚四氟乙烯	
2	阀 盖	1	ZG25	
1	阀 体	1	ZG25	
序 号	名 称	数量	材 料	备 注
设 计			共 张第 张	（单位）
校 核			质 量	球 阀
审 核			比 例　1:1	（图号）

技术要求
制造与验收技术条件应符合国家标准

图 3.6　台虎钳床身装配图

项目4
机械简单部件的拆装与零件测绘

【教学目标】

能力目标:能够结合机械部件实物识读基本的部件装配图。

能够正确使用常用的装配工具和拆卸工具。

能够正确对机械部件进行拆装。

知识目标:掌握机械装配常用工具的选用。

掌握机械部件拆卸的基本原则与方法。

读懂装配图,正确分析其装配关系,保证拆卸产品的装配精度。

素质目标:激发学生自主学习兴趣,培养学生团队合作和创新精神。

【项目导读】

拆卸是机械设备维修工作的一个重要环节。如果拆卸不当,会造成设备的损坏及精度下降,使得设备重新装配后再也无法正常运行,甚至无法修复而带来报废损失。如何进行机械部件的拆卸呢? 在进行拆卸前,应对拆卸过程进行一个总体的规划,制订一个初步的拆卸路线图,明确拆卸的先后顺序。本任务将以曲柄滑块机构的拆卸实训为例,分析装配图的结构关系,阐述机械零部件拆卸的基本方法及基本要领。

【任务描述】

学生以企业制造部门装配工艺员的身份进入机械装配工艺模块。根据车床尾座的装配关系,首先读懂尾座的装配图;然后分析装配的技术要求,确定其拆卸的先后顺序;最后对装配过程中选用的工具、夹具、量具及检测工具的应用进行详细分析与说明,完成车床尾座的拆卸。

【工作任务】

按照车床尾座的装配精度要求,了解产品拆卸工艺的基本内容。能灵活应用各种拆卸工具、检测量具。分析产品装配图,确定尾座的拆卸顺序。通过对机械部件的拆卸,分析并解决拆卸过程中存在的问题和不足,并对拆卸工艺过程中存在的问题进行研讨和交流。

任务 4.1　拆卸车床尾座

【任务引入】

如图 4.1 所示为 CA6140 的尾座结构。认真分析其装配关系,并将尾座机构中的各个零件拆卸下来,为维修和保养做好准备。

【相关知识】

4.1.1　尾座的基本结构、作用及精度要求

车床的尾座可沿导轨纵向移动调整其位置。其内有一根由手柄带动沿主轴轴线方向移动的心轴,在套筒的锥孔里插上顶尖,可支承较长工件的一端,还可换上钻头、铰刀等刀具,实现孔的钻削和铰削加工。

1)尾座的基本结构及装配关系

尾座结构如图 4.1 所示。它主要由四大部分组成:一是顶尖套锁紧装量(件 12,13,15,16);二是顶尖套及其驱动机构(件 1,2,17,18,20);三是尾座紧固机构(件 3,6,7,8,9,10,19);四是尾座基体(件 4,5,11)。每一个部分相对独立。

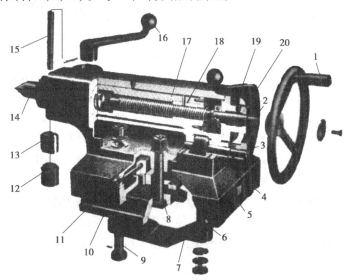

图 4.1　尾座结构

1—手轮;2—丝杠;3—销;4—尾座体;5—尾座底板;6—拉杆螺栓组合;7—拉杆;8—压紧螺栓组合;
9—夹紧螺栓组合;10—压板;11—调整螺钉、螺母;12,13—套筒开合螺母;14—后顶尖;
15—螺杆;16—手柄;17—顶尖套;18—螺母;19—紧固手柄;20—端盖

卧式车床尾座如图 4.2 所示。

其装配关系如下:

①尾座底板 16 装在车床床身的导轨(D 处)上,这样尾座可沿床身导轨纵向移动。

②尾座在导轨上的位置调整妥当后,可用紧固手柄 8 夹紧。当紧固手柄 8 向后推动时,通过偏心轴及拉杆,就可将尾座夹紧在床身导轨上。有时,为了将尾座紧固得更牢靠些,可拧紧

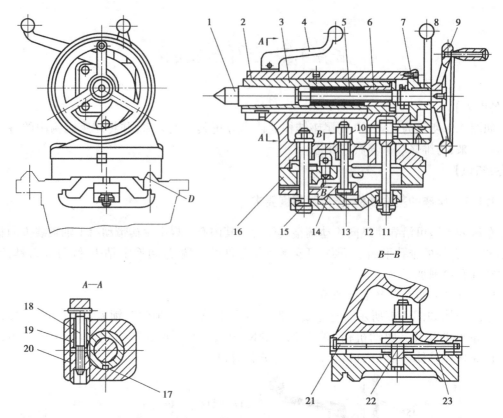

图 4.2 卧式车床尾座

1—后顶尖;2—尾座体;3—顶尖套;4—手柄;5—丝杠;6,10—螺母;7—端盖及螺母;8—紧固手柄;
9—手轮;11—拉杆螺栓组合;12—拉杆;13—螺钉;14—压板;15—夹紧螺栓组合;16—尾座底板;
17—平键;18—螺杆;19,20—套筒开合螺母;21,23—调整螺栓;22—调整螺母

螺母 10。这时,螺母 10 通过螺钉 13 及压板 14 使尾座牢固地夹紧在床身上。

③后顶尖 1 安装在尾座顶尖套 3 的锥孔中,尾座顶尖套装在尾座体 2 的孔中,并由平键 17 导向,使它只能轴向移动,不能转动。

④摇动手轮 9,可使尾座顶尖套 3 纵向移动。当尾座顶尖套移到所需位置时,可用手柄 4 转动螺杆 18,以拉紧套筒开合螺母 19 和 20,使之夹紧尾座顶尖套 3。

⑤如要卸下顶尖,可转动手轮 9,使尾座顶尖套 3 后退,直到丝杠 5 的左端顶住后顶尖,将后顶尖从锥孔中顶出。

⑥在卧式车床上,也可将钻头、铰刀等孔加工刀具装在尾座顶尖套的锥孔中。这时,转动手轮 9,借助于丝杠 5 和螺母 6 的传动,就可使尾座顶尖套 3 带动钻头等孔加工刀具纵向移动,进行孔加工。

⑦调整螺栓 21 和 23 用于调整尾座体 2 的横向位置,也就是调整后顶尖中心线在水平面内的位置。如果它与主轴中心线重合,可车削圆柱面;如果它与主轴中心线不重合,工件由前后顶尖支承,就可车削锥度较小的锥面。

2)尾座的作用及精度要求

车床尾座的作用是用于钻孔、铰孔加工中的辅助支承。为了保证尾座顶尖套伸缩精度,应保证尾座顶尖套与尾座体之间的配合间隙在合理的范围内,保证顶尖套在尾座体孔内伸缩灵活且不松动。此外,还要保证顶尖套在伸缩行程范围内其中心线对床身导轨的平行度要求。为了保证整个部件的精度,主要零件的性能要求较高,见表4.1。

表 4.1　车床尾座主要零部件的工作条件、性能要求、材料和毛坯生产方法

名称	工作条件及性能要求	选择材料	毛坯生产方法	热处理方法
顶尖	尖部与工件顶尖孔有强烈摩擦,但冲击力不大;顶尖尾部与套筒配合精度很高,并需经常装卸,要求硬度 57 ~ 62HRC	9SiW18Cr4V	铸造	淬火、低温回火
套筒	在其内孔安装顶尖尾部,配合精度很高,并经常因装卸顶尖而产生摩擦,要求硬度 45 ~ 48HRC,外圆及槽部也有一定的摩擦	45	铸造	调质、表面感应
手柄	承受一般应力	Q235	型材	
螺杆	受较大的轴向力,并有相互摩擦,要求耐磨	45	铸造	淬火、低温回火
螺母	有相对摩擦,要求有耐磨性	ZCuSn10P1	铸造	
尾座体	起支承作用,主要承受压应力和切削力	HT200	铸造	去应力退火
平键	承受一般应力	45	型材	调质
手轮	承受一般应力	HT200	铸造	去应力退火
滑键	与套筒槽相对滑动,有摩擦	45	型材	调质

4.1.2　设备拆卸的一般原则

拆卸工作简单地来讲,就是能正确解除零部件在机器中相互的约束与固定形式,把零件有条不紊地分解出来。

1)拆卸前的准备

拆卸前,必须首先弄清楚设备的结构与性能,掌握各个零部件的结构特点、装配关系,以及定位销、弹簧垫圈、锁紧螺母与顶丝的位置及退出方向,以便正确进行拆卸。

2)拆卸程序及要求

机件的拆卸程序与装配程序相反。一般先拆外部附件,再拆零件,并按部件分类归并放置,不能就地乱扔乱放。对可继续使用的零件更应保管好,精密零件要单独存放,丝杠与长度大的轴类零件应悬挂起来,以免变形。螺钉、垫圈等标准件可集中放在专用箱内。

3)选择合适的拆卸方法,正确使用拆卸工具

其具体要求如下:

①如果用锤子敲击零件,应在零件上垫好衬垫,或用铜锤谨慎敲打,绝不允许用锤子直接猛敲狠打,更不允许敲打零件的工作表面,以免损坏零件。

②直接拆卸轴孔装配件时,通常要坚持用多大力装配就应基本上用多大力拆卸的原则。如果出现异常情况,就要查找原因,防止在拆卸中将零件拉伤,甚至损坏。

③热装零件要利用加热来拆卸。

④一般情况下,不允许进行破坏性拆卸。当决定采用破坏性拆卸时,必须在拆卸过程中采

取保证其他零件不受损坏的有效措施。

4）做好标记，保证装配关系

对装配精度影响较大的关键件，为保证重新装配后仍能保持原有的装配关系和配合位置，在不影响零件完整和不损伤的前提下，拆前应做好打印记号工作。

5）坚持拆卸服务于装配的原则

如被拆机件的技术资料不全，拆卸中必须对拆卸过程进行记载。必要时，还要画出装配关系图。

4.1.3　常用拆卸装配工具的认识

目前，在多数工厂中，装配工作大多靠手工劳动完成，用到很多手工工具。这些工具除了钳工常用的各种起子、钳子、锉刀、手锤以及一些测量、划线工具外，还经常用到各种扳手、挡圈钳、拔销器及压力机等。通用拆卸工具主要有钳类工具、扳手工具、螺钉旋具、锤子、钳桌及台虎钳等。

1）扳手

扳手用来旋紧六角形、正方形螺钉和各种螺母。它由工具钢、合金钢或可锻铸铁制成。它的开口处要求光洁，并坚硬耐磨。扳手可分为活络扳手（简称活扳手）、专用扳手和特种扳手3类。

（1）活扳手

它是由扳手体、固定钳口、活动钳口及蜗杆等组成的，如图4.3所示。其开口尺寸可在一定范围内进行调节。其规格是用扳手的长度及开口尺寸的大小来表示的，见表4.2。但一般习惯上都以扳手长度作为它的规格，常见的有4,6,8,10,12,15,18,24等。

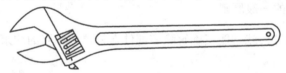

图4.3　活扳手

表4.2　活扳手规格

长度	公制/mm	100	150	200	250	300	375	450	600
	英制/in	4	6	8	10	12	15	18	24
开口最大宽度/mm		14	19	24	30	36	46	55	65

使用活扳手时，应注意以下事项：应让固定钳口受主要作用力（见图4.4），否则扳手容易损坏。钳口的开度应适合螺母的对边间距的尺寸，否则会损坏螺母。不同规格的螺母（或螺钉），应选用相应规格的活扳手。扳手手柄不可任意接长，以免旋紧力矩过大而损坏扳手或螺钉。活扳手的工作效率不高，活动钳口容易歪斜，往往会损坏螺母或螺钉的头部表面。使用时，握住扳手的根部，一边用大拇指转动蜗杆，一边放上扳手，上下面紧密咬合着贴上活动体。

（2）专用扳手

专用扳手只能扳一种尺寸的螺母或螺钉。根据其用途的不同，可分为以下5种：

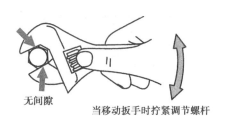

无间隙   当移动扳手时拧紧调节螺杆

图 4.4   活扳手的使用

①开口扳手(呆扳手)

它用于装卸六角形或方头的螺母或螺钉。它可分单头或双头两种,如图 4.5 所示。其开口尺寸是与螺钉、螺母的对边间距的尺寸相适应的,并根据标准尺寸做成一套。双头开口扳手规格按开口尺寸(单位 mm),有 5.5×7,8×10,9×11,12×14,14×17,17×19,19×22,22×24,24×27,30×32 这 10 种。

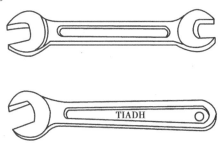

图 4.5   开口扳手

开口扳手的正确使用方法如下:

a.扳手应与螺栓或螺母的平面保持水平,以免用力时扳手滑出伤人,并且容易损伤六角头的棱角。扳手要进到开口的深处,只卡到前面,容易脱落。

b.不能将两把扳手连接做加长杆使用,有脱落的风险。

c.不能在扳手尾端加接套管延长力臂,以防损坏扳手。

d.不能用钢锤敲击扳手,扳手在冲击载荷下极易变形或损坏。

e.不能将公制扳手与英制扳手混用,以免造成打滑而伤及使用者受伤。

②整体扳手

它有正方形、六角形、十二角形(梅花扳手)等,如图 4.6 所示。梅花扳手应用较广泛,由于它只要转过 30°,就可调换方向再扳,因此能在扳动范围狭窄的地方工作。其具体型号规格见表 4.3。

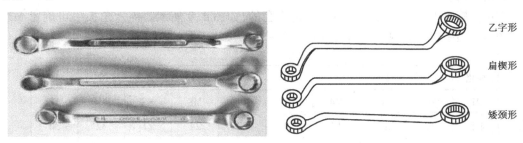

乙字形

扁楔形

矮颈形

图 4.6   梅花扳手

43

表4.3　梅花扳手型号规格

标称螺纹	M3	M5	M6	M8	M10	M12	M14	M16	M18	M20	M22	M24	M27	M30
扳手开口	5.5	10	10	13	16	19	22	24	27	30	34	36	41	46

③成套套筒扳手

它是由一套尺寸不等的梅花套筒及扳手柄组成的。扳手柄方榫插入梅花套筒的方孔内,即可工作。其中,弓形手柄能连续地转动,棘轮手柄能不断地来回扳动。因此,它使用方便,工作效率也高。

套筒扳手可根据螺栓的实际规格,选取合适的套筒或旋具。

根据套筒或旋具的方孔尺寸及现场的实际工况,选取相应配套的手柄、转换头及加长杆及其他的附件。套筒和旋具必须与螺栓外六角头或内六角孔完全配合,注意套筒内部和六角孔的清洁。

使用加长杆时,应保证加长杆和套筒方孔完全配合。在实际操作过程中,用手扣住加长杆和手柄配合的头部,保证加长杆和手柄的垂直度。套筒手柄及其他附件如图4.7所示。

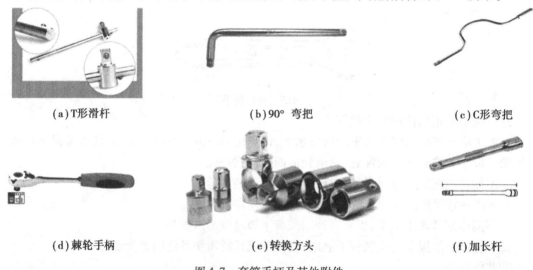

(a)T形滑杆　　　　　　(b)90°弯把　　　　　　(c)C形弯把

(d)棘轮手柄　　　　　　(e)转换方头　　　　　　(f)加长杆

图4.7　套筒手柄及其他附件

④锁紧扳手

它的形式多样,可用来装卸圆螺母。

⑤内六角扳手

它用于旋紧内六角螺钉。这种扳手是成套的,如图4.8所示。内六角扳手可旋紧M3—M24的内六角螺钉。其规格是用六角形对边间距的尺寸表示的,见表4.4。

表4.4　扳手规格

规格	2	2.5	3	4	5	6	7	8	10
M	M3	M4	M4	M5	M6	M8	M8	M10	M12
规格	12	14	17	19	22	24	27	32	36
M	M14	M16	M20	M24	M30	M30	M36	M42	M48

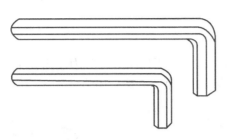

图 4.8　内六角扳手

（3）特种扳手

特种扳手是根据某些特殊要求而制造的。

①棘轮扳手

如图 4.9 所示,棘轮扳手适用于狭窄的地方。当扳手棘轮工作时,正转手柄,棘爪 1 在弹簧 2 的作用下,进入内六角套筒 3（棘轮）的缺口内,套筒便跟着转动。当反向转动手柄时,棘爪在斜面的作用下,从套筒的缺口内退出来打滑,因而螺母不会随着反转。旋松螺母时,只要将扳手翻身使用即可。

a.棘轮扳手又称快速扳手。

b.棘轮扳手的效率是开口扳手的 3 倍。

c.主要适用于外六角螺栓、四角螺栓、螺母的快速紧固。

d.棘轮扳手的规格同梅花扳手。

e.棘轮扳手对使用力矩非常敏感,超载易损坏。

f.公制和英制扳手是不同的,不能通用。

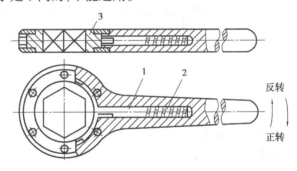

图 4.9　棘轮扳手
1—棘爪;2—弹簧;3—内六角套筒

②测力矩扳手

测力矩扳手可用来控制施加于螺纹连接的拧紧力矩,使之适合规定的大小。它有一个长的弹性扳手柄（一端装着手柄,另一端装有带方头的柱体）。方头上套装一个可更换的梅花套筒,柱体上还装有一个长指针,刻度板固定在柄座上,每格刻度值为 1kgf·m。工作时,由于扳手杆和刻度板一起向旋转的方向弯曲。因此,指针尖就在刻度板上指出拧紧力矩的大小。

③气动扳手

气动扳手以压缩空气为动力,适用于汽车、拖拉机等批量生产安装中螺纹连接的旋紧和拆卸。气动扳手可根据螺栓的大小和所需要的扭矩值,选择适宜的扭力棒,以实现不同的定扭矩要求。气动扳手尤其适用于连续生产的机械装配线,能提高装配质量和效率,并降低劳动强度。

2）挡圈钳

挡圈钳专用于装拆弹性挡圈。由于挡圈形式分为孔用和轴用两种,且安装部位不同。因此,挡圈钳可分为直嘴式和弯嘴式两种,如图4.10所示。

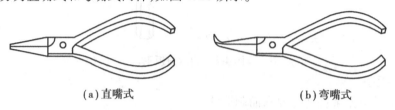

（a）直嘴式　　　　　　　　　　　（b）弯嘴式

图4.10　挡圈钳

3）拔销器

拔销器专用于拆卸端部带螺纹的圆锥销。对如图4.11所示的内螺纹圆锥销或只能单面装拆的圆锥销,拆卸较困难,常用如图4.12所示的拔销器拆卸。拆卸时,先将拔销器螺纹旋入销的内螺纹,再迅速向外滑动拔销器上的滑块,产生向外的冲击力,以拔掉圆锥销。

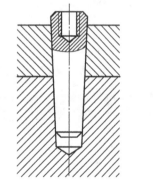

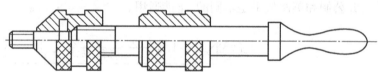

图4.11　内螺纹圆锥销　　　　　　　图4.12　拔销器

拔销器的操作步骤如下:

①将拔销连接头旋入螺纹定位销。

②联接拔销头和拔销器。

③使用滑锤方向撞击拔销器尾端。

④撞击时,注意手的防护。

4）压力机

装配用压力机一般采用液压式。由于压力大小、压装速度均可调。因此,压装平稳,无冲击性,特别适用于过渡或过盈配合件的装配,如压装轴承、带轮等。

5）台虎钳

台虎钳又称虎钳,是用来夹持工件的通用夹具。它置于工作台上,用以夹稳加工工件,为钳工车间必备工具。转盘式的钳体可旋转,使工件旋转到合适的工作位置。

它由钳体、底座、导螺母、丝杠及钳口体等组成。活动钳身通过导轨与固定钳身的导轨作滑动配合。丝杠装在活动钳身上,可旋转,但不能轴向移动,并与安装在固定钳身内的丝杠螺母配合。当摇动手柄使丝杠旋转,就可带动活动钳身相对于固定钳身作轴向移动,起夹紧或放松的作用。弹簧借助挡圈和开口销固定在丝杠上,其作用是当放松丝杠时,可使活动钳身及时地退出。在固定钳身和活动钳身上,各装有钢制钳口,并用螺钉固定。钳口的工作面上制有交叉的网纹,使工件夹紧后不易产生滑动。钳口经过热处理淬硬,具有较好的耐磨性。固定钳身装在转座上,并能绕转座轴心线转动,当转到要求的方向时,扳动夹紧手柄使夹紧螺钉旋紧,便可在夹紧盘的作用下把固定钳身固紧。转座上有3个螺栓孔,用以与钳台固定。

台虎钳的规格以钳口的宽度表示,有100,125,150 mm等。它是用来夹持工件的通用夹具。常用的有固定式和回转式;按外形功能,可分为有带砧和不带砧。

回转式台虎钳结构和工作原理如图4.13所示。

台虎钳中有以下两种作用的螺纹:

①螺钉将钳口固定在钳身上,夹紧螺钉旋紧将固定钳身紧固——联接作用。

②旋转丝杠,带动活动钳身相对固定钳身移动,将丝杠的转动转变为活动钳身的直线运动,把丝杠的运动传到活动钳身上——传动作用。

起传动作用的螺纹是传动螺纹。圆柱外表面的螺纹是外螺纹,圆孔内表面的螺纹是内螺纹,内外螺纹往往成对出现。

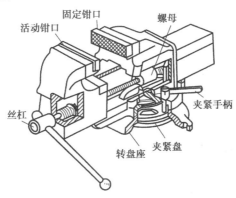

图4.13　回转式台虎钳结构和工作原理

6)电动工具

(1)手电钻

手电钻是一种操作简单、使用灵活、携带方便的电动钻孔工具(见图4.14(a))。它多用于装配和修理工作。

(2)电磨头

电磨头是一种高速磨削工具(见图4.14(b))。它适用于零件的修理、修磨和除锈。当用布砂轮代替砂轮使用时,则可进行抛光作业。

7)风动工具

风动工具是一种以压缩空气为动力源的气动工具。它通过压缩空气驱动钻头、砂轮及铲旋转而工作。它具有体积小、质量小、操作简便及便于携带的特点,且较电动工具更安全。常用风动工具有:风动砂轮(见图4.15),用来清理工件的飞边、毛刺、去除材料多余的部分;风钻,用来钻削工件上的小孔。

(a)手电钻　　　　　　　(b)电磨头

图4.14　电动工具

图4.15　风动砂轮

【思考题】

1.车床尾座主要零部件的工作条件、性能要求、材料及毛坯生产方法是什么？

2.简述尾座的基本结构、工作原理和装配关系。

3.简述尾座拆卸的基本工艺线路。

【任务实施】

1)实施环境和条件

(1)场地

实训车间。

(2)机械部件

CA6140型普通车床尾座。

(3)工具

钳桌、台虎钳、拆卸工具,每组一套。

2)实施步骤

拆卸尾座,可制订出好几种可行的拆卸方案,分组进行讨论,选择合理的拆卸方案。

3)拆卸注意事项

拆卸尾座需注意的工作要点及基本要求如下:

(1)做好拆卸前的准备工作

工具的准备、辅助材料的准备(如清洗润滑材料)和场地准备等。

(2)做好技术准备

拆卸前,要了解尾座机件的基本结构,按结构原理理顺拆卸步骤,正确拆卸功能零部件。明确主要的基准面、基准零件及定位方法。

(3)整齐摆放、及时标记

拆下的零部件要整齐、顺序地放置。必要时,还应在零部件上打上记号。

(4)正确使用工具

严格按操作规范进行拆卸,正确使用各种拆卸工具。

(5)避免损伤

尽可能避免零件在拆卸过程中受损伤。

【考核评价】

序号	评分项目	评分标准	分值	检测结果	得分
1	机械部件拆卸前的准备	填写常用装配工具清单,列出常用拆卸方法(3 种以上)	25		
2	分析尾座的基本结构、作用及工作原理	说出车床尾座主要装置,并说明其结构及工作原理	35		
3	机械部件拆卸实例训练	每 3 人一组,完成车床尾座拆卸项目,并作工作汇报	40		

任务 4.2　装配卧式车床的尾座

【任务引入】

首先将拆卸下来的尾座零部件装配好,然后装到车床导轨上,最后完成车床尾座与顶尖中心等高的检测。

【相关知识】

4.2.1　尾座装配工艺过程分析

设备修理中的装配,就是把经过修复的零件以及其他全部合格的零件按照一定的装配关系和技术要求,有序地装配起来,并达到规定的装配精度和使用性能要求的整个工艺过程。

装配包括组装、部装和总装。装配质量直接影响设备的精度、性能和使用寿命。它是设备修理过程中很重要的一个环节。产品的各项技术要求均需在零件加工合格的基础上,通过正确的装配工艺得以实现。装配是产品制造的最后阶段。装配过程是根据装配精度要求,按一定的施工顺序,通过一系列的装配工作来保证产品质量的复杂过程。在产品装配时,要识读产品装配总图等技术文件,对产品的装配结构进行分析。

1)尾座主要工作部分

尾座主要工作部分由后顶尖 1、尾座体 2、顶尖套 3、丝杠 4、螺母及定位销和推力轴承 5、端盖及螺栓 6、手轮组合 7 等构成,如图 4.16 所示。

后顶尖 1 装在顶尖套 3 前端的莫氏锥孔中。顶尖套 3 又装在尾座体 2 的孔中,在顶尖套下部长槽处装有导向键,限制顶尖套只能轴向移动不能转动。螺母及定位销也装在顶尖套 3 后端部,并有一定的配合,丝杠 4 旋套在螺母的内孔,通过螺旋副作纵向移动,推动顶尖和顶尖移动,从而实现尾座机构的主运动。

2)顶尖套夹紧部分

如图 4.17 所示,当尾座顶尖套纵向移到要求的位置后,要锁定顶尖套。转动手柄 4 带动螺杆 1,使上下开合螺母 2 和 3 之间的距离缩短,从而使顶尖套以夹紧,使其不能移动。松开时,转手柄使上下开合螺母间距增大,顶尖套即可活动。

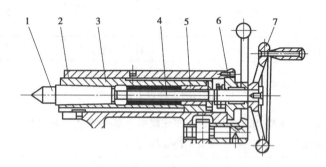

图 4.16 尾座的主要工作部分

1—后顶尖;2—尾座体;3—顶尖套;4—丝杠;5—螺母及定位销、推力轴承;

6—端盖及螺栓;7—手轮组合

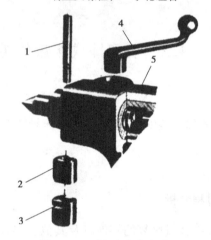

图 4.17 顶尖套夹紧部分

1—螺杆;2—上开合螺母;3—下开合螺母;4—转动手柄;5—尾座体

3)横向调整装置

如图 4.18 所示,由左右调整螺栓 1 与 3 以及调整螺母 2 等构成,松紧调整螺栓,即可实现尾座在机床上的横向调整。

调整可达到两个目的:一是用来调整后顶尖中心线在水平面内的位置,使它与主轴轴线重合;二是当车削较小锥度的工件时(由前后顶尖支承),有意调整尾座体上后顶尖水平面内的位置,使其对主轴的轴线偏移一定的距离,以获得所需要的锥度。偏移量可由尾座体和尾座底板右端面凸台上的刻线处看出。

4)尾座与车床床身的夹紧装置

如图 4.19 所示,尾座与车床床身的夹紧装置由紧固手柄 8、拉杆螺栓组合 7、拉杆 6、压板 4 及压紧螺栓组合 5 等构成。

将尾座架装在床身尾座导轨上,可用手推动使其在床身导轨上作纵向移动,以调整轴向位置,适应加工不同长度的工件。纵向位置调整好以后,推动快速紧固手柄,带动偏心凸轮轴组件转动,拉杆螺栓即将拉杆拉起,通过夹紧螺栓及螺母等紧固件,使压板和尾座底板夹紧在车床床身上。

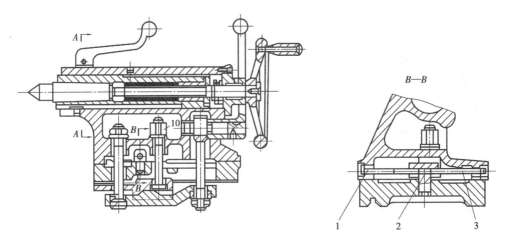

图 4.18　横向调整装置
1—左调整螺栓;2—调整螺母;3—右调整螺栓

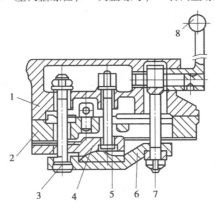

图 4.19　尾座与车床床身的夹紧装置
1—尾座体;2—尾座底板;3—夹紧螺栓组合;4—压板;
5—压紧螺栓组合;6—拉杆;7—拉杆螺栓组合;8—紧固手柄

4.2.2　装配工作的一般要求

①熟悉设备装配图、装配工艺文件和技术要求,了解每个零件的功能和相互间的联接关系。确定好装配方法、顺序以及所需工具、夹具。

②装配零件要清洗干净。及时清除在装配工作中因补充加工(如配钻、攻螺纹等)所产生的切屑,清理装配表面如棉绒毛、切屑等物,以免影响装配质量。

③装配前,对所有零部件按技术要求进行检查。在装配过程中,要随时对装配质量进行检查,以防全部装完后再返工。

④对耦合件和不能互换的零件,应按拆卸、修理或制造时所做的标记,成对或成套地进行装配,确保装配质量。

⑤配合关系要适宜。对固定联接的零件,除要求具有足够的联接强度外,还应保证其紧密性。例如,与床身的固定联接等,要求在接合面上的接触点均匀分布。对滑动配合的零件,应具有最小的允许间隙,滑动要灵活自如。对过盈配合的零件,在装配前应进行实件测量,装配

的过盈量要控制在技术要求的允许值范围内。

⑥所有附设的锁紧制动装置,如弹簧垫圈、保险垫片、制动钢丝等要配齐。开口销、保险垫片及制动钢丝,一般不允许重复使用。

⑦两联接零件结合面之间不允许放置图样上没有的,或结构本身不需要的衬垫。

⑧装配中,力的作用点要正确,用力要适当。

4.2.3 机械零部件的清理和洗涤

1)范围

(1)鉴定前的清洗

为了准确地判断零件的破损形式和磨损程度,对拆后零件的基准部位和检测部位必须进行彻底清洗,这些部位清洗不净,就不能制订出正确的修理方案,甚至因未发现已产生的裂纹而造成隐患。

(2)装配前的清洗

影响装配精度的零件表面的杂物、灰尘要认真洗涤。如果清洗不合格,会导致机械的早期磨损或事故损坏。

(3)各类管件、液压件、气动元件也属清洗范围

这类零件清洗质量不高,将直接影响工作性能,甚至完全不能工作。

2)清洗液的种类和特点

清洗液可分为有机溶剂和化学清洗液两类。

(1)有机溶剂

有机溶剂包括煤油、柴油、汽油、酒精、丙酮、乙醚、苯及四氯化碳等。其中,汽油、酒精、丙酮、乙醚、苯、四氯化碳的去污、去油能力都很强,清洗质量好,挥发快,适于清洗较精密的零部件,如仪表部件等;煤油和柴油同汽油相比,清洗能力不及汽油,清洗后干燥也较慢,但比汽油使用安全和经济。

(2)化学清洗液

化学清洗液中的合成清洗剂对油脂、水溶性污垢有良好的清洗能力,且无毒、无公害、不燃烧、无腐蚀,成本低,以水代油且节约能源,正在被广泛使用。碱性溶液是氢氧化钠、磷酸钠、碳酸钠及硅酸钠按不同的浓度加水配制的溶液。用碱性溶液清洗时,应注意:若零件油垢过厚时,应先将其擦除;材料性质不同的零件不宜放在一起清洗;工件清洗后,应用水冲洗或漂洗干净,并及时干燥,以防残液损伤零件表面。

3)清洗方法

为了去除机件表面的旧油、锈层和漆皮,清洗工作常按以下方法进行:

(1)初步清洗

初步清洗包括去除机件表面的旧油、锈层和漆皮等工作。

①去旧油

用竹片或软质金属片从机件上刮下旧油或使用脱脂剂去除旧油。

②脱脂

小零件浸在脱脂剂内 5 ~ 15 min;较大的金属表面用清洁的棉布或棉纱浸脱脂剂进行擦洗;一般容器或管件的内表面用灌洗法脱脂,每处灌洗时间不少于 15 min;大容器的内表面用

喷头淋脱脂剂进行冲洗。

③除锈

轻微的锈斑要彻底除净,直至呈现出原来的金属光泽;对中度锈斑,应除至表面平滑为止。应尽量保持接合面和滑动面的表面粗糙度和配合精度。除锈后,应用煤油或汽油清洗干净,并涂以适量的润滑油脂或防锈油脂。

④去油漆

常用的去油漆方法有以下几种:一般粗加工面都采用铲刮的方法;粗、细加工面可采用布头蘸汽油或香蕉水用力摩擦来去除;加工面高低不平(如丝杠、齿轮面)时,可采用钢丝刷或用钢丝绳头刷。

(2)用清洗剂或热油冲洗

机件经过除锈、去油漆后,应用清洗剂将加工表面的渣子冲洗干净。原有润滑脂的机件,经初步清洗后,如仍有大量的润滑脂存在,可用热油烫洗,但油温不得超过120 ℃。

(3)洗净

机件表面的旧油、锈层、漆皮洗去后,先用压缩空气吹(以节省汽油),再用煤油或汽油彻底冲洗干净。

4.2.4　检测量具的使用

1)百分表和千分表的使用

百分表和千分表都是用来校正零件或夹具的安装位置检验零件的形状精度或相互位置精度的。它们的结构原理没有什么大的不同,就是千分表的读数精度较高,即千分表的读数值为0.001 mm,而百分表的读数值为0.01 mm。车间里经常使用的是百分表。因此,本节主要介绍百分表。

百分表的外形如图4.20所示。表盘3上刻有100个等分格,其刻度值(即读数值)为0.01 mm。当指针转一圈时,小指针即转动一小格,转数指示盘5的刻度值为1 mm。用手转动表圈4时,表盘3也跟着转动,可使指针对准任一刻线。测量杆8是沿着套筒7上下移动的,套筒8可作为安装百分表用。

由于百分表和千分表的测量杆是作直线移动的,可用来测量长度尺寸。因此,它们也是长度测量工具。目前,国产百分表的测量范围(即测量杆的最大移动量)有0~3,0~5,0~10 mm 3种。读数值为0.001 mm的千分表,测量范围为0~1 mm。

目前,百分表有以下两种:

①磁力座的,测量范围0~5 mm,首先架好表座,调整伸缩杆的长度,使小表的指针在2.5左右,然后把大表盘的指针对到0位,压缩表和顶针为正值,松开顶针为负值,测量范围较大,误差相对也大。

②杠杆的,是用夹具夹紧的,正负最大的测量范围为80丝(1 丝 =0.01 mm),是专门用来测量汽机靠背轮中心的,调整杠杆与对轮的松紧,使表的测量范围在正负80丝之内,再调到表针对0,原理与上面的是一样的。但读数有时会搞不清正负方向,但其消除了磁座因重力而发生的误差,找的中心很精确。

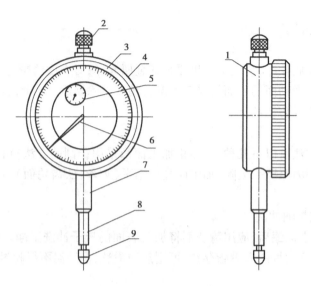

图 4.20　百分表
1—表体;2—圆头;3—表盘;4—表圈;5—转数指示盘;
6—指针;7—套筒;8—测量杆;9—测量头

2)百分表的结构原理与读数方法

百分表的工作原理是将被测尺寸引起的测杆微小直线移动,经过齿轮传动放大,变为指针在刻度盘上的转动,从而读出被测尺寸的大小。百分表的构造主要由 3 个部件组成:表体部分、传动系统和读数装置。

百分表是一种精度较高的比较量具。它只能测出相对数值,不能测出绝对数值。它主要用于测量形状和位置误差,也可用于机床上安装工件时的精密找正。百分表的读数准确度为0.01 mm。百分表的结构原理如图 4.21 所示。当测量杆 1 向上或向下移动 1 mm 时,通过齿轮传动系统带动大指针 5 转一圈,小指针 7 转一格。刻度盘在圆周上有 100 个等分格,各格的读数值为 0.01 mm。小指针每格读数为 1 mm。测量时,指针读数的变动量即尺寸变化量。刻度盘可以转动,以便测量时大指针对准零刻线。

百分表的读数方法为:先读小指针转过的刻度线(即毫米整数),再读大指针转过的刻度线(即小数部分),并乘以 0.01,最后两者相加,即得到所测量的数值。

如图 4.22 所示为百分表内部机构示意图。带有齿条的测量杆 1 的直线移动,通过齿轮传动(z_1, z_2, z_3),转变为指针 2 的回转运动。齿轮 z_4 和弹簧 3 使齿轮传动的间隙始终在一个方向,起着稳定指针位置的作用。弹簧 4 是控制百分表的测量压力的。百分表内的齿轮传动机构使测量杆直线移动 1 mm 时,指针正好回转一圈。

由于千分表的读数精度比百分表高。因此,百分表适用于尺寸精度为 IT8—IT6 级零件的校正和检验;千分表则适用于尺寸精度为 IT7—IT5 级零件的校正和检验。百分表和千分表按其制造精度,可分为 0 级、1 级和 2 级 3 种,0 级精度较高。使用时,应按照零件的形状和精度要求,选用合适的百分表或千分表的精度等级和测量范围。百分表常装在常用的普通表架或磁性表架上使用,如图 4.23 所示。

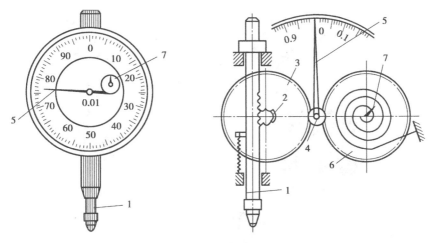

图 4.21　百分表
1—测头;2—轴齿轮;3—表盘;4—齿轮;
5—大指针;6—齿轮;7—内表盘

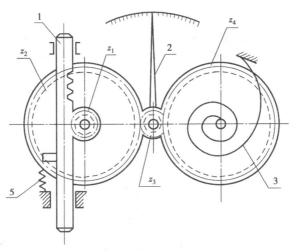

图 4.22　百分表内部结构示意图
1—测量杆;2—指针;3,4—弹簧

　　百分表可用来精确测量零件圆度、圆跳动、平面度、平行度及直线度等形位误差,也可用来找正工件。测量时,要注意百分表测量杆应与被测表面垂直。测量的应用举例如图 4.24 所示。

　　①检查外圆对孔的圆跳动、端面对孔的圆跳动,如图 4.24(a)所示。

　　②检查工件两平面的平行度,如图 4.24(b)所示。

　　③内圆磨床上四爪卡盘安装工件时,找正外圆,如图 4.24(c)所示。

内孔直径检测
（较大直径）

内孔直径检测
（较小直径）

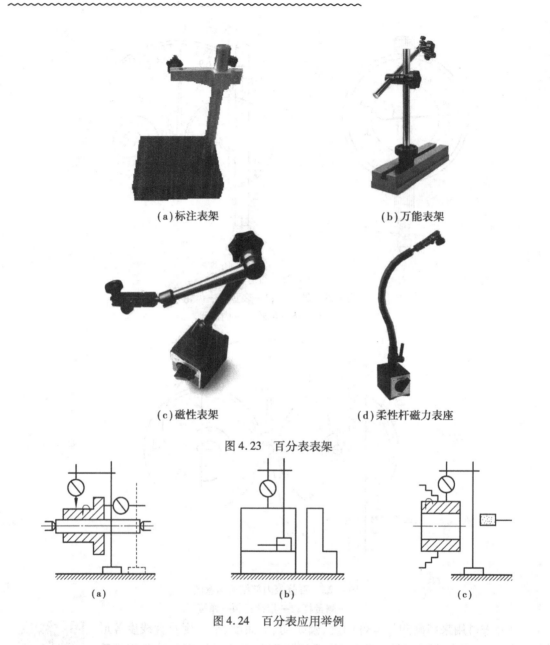

(a)标注表架   (b)万能表架

(c)磁性表架   (d)柔性杆磁力表座

图 4.23　百分表表架

(a)   (b)   (c)

图 4.24　百分表应用举例

3)百分表使用的注意事项

①使用前,应检查测量杆活动的灵活性,即轻轻推动测量杆时,测量杆在套筒内的移动要灵活,没有任何扎卡现象,且每次放松后,指针能回复到原来的刻度位置。

②使用百分表时,必须把它固定在可靠的夹持架上(如固定在万能表架或磁性表座上,见图4.25),夹持架要安放平稳,以免使测量结果不准确或摔坏百分表。

用夹持百分表的套筒来固定百分表时,夹紧力不要过大,以免因套筒变形而使测量杆活动不灵活。

③用百分表测量零件时,测量杆必须垂直于被测量表面(见图4.26),即使测量杆的轴线与被测量尺寸的方向一致,否则将使测量杆活动不灵活或使测量结果不准确。

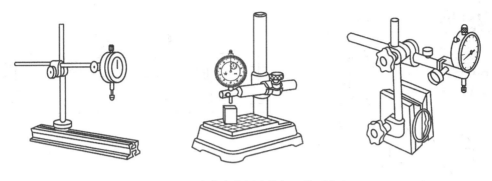

图 4.25　安装在专用夹持架上的百分表

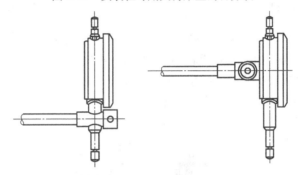

图 4.26　百分表安装方法

④测量时,不要使测量杆的行程超过它的测量范围;不要使测量头突然撞在零件上;不要使百分表受到剧烈的振动和撞击,也不要把零件强迫推入测量头下,避免损坏百分表的机件而失去精度。因此,用百分表测量表面粗糙或有显著凹凸不平的零件是错误的。

⑤用百分表校正或测量零件,如图 4.27 所示。应使测量杆有一定的初始测力,即在测量头与零件表面接触时,测量杆应有 0.3~1 mm 的压缩量,使指针转过半圈左右,然后转动表圈,使表盘的零位刻线对准指针。轻轻地拉动手提测量杆的圆头,拉起和放松几次,检查指针所指的零位有无改变。当指针的零位稳定后,再开始测量或校正零件的工作。如果是校正零件,此时开始改变零件的相对位置,读出指针的偏摆值,即零件安装的偏差数值。

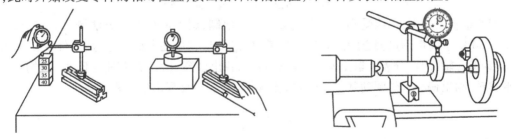

图 4.27　百分表尺寸校正与检验方法

⑥检查工件平整度或平行度时(见图 4.28),将工件放在平台上,使测量头与工件表面接触,调整指针使摆动一转,然后把刻度盘零位对准指针,跟着慢慢地移动表座或工件。当指针顺时针摆动时,则说明工件偏高;当指针逆时针摆动时,则说明工件偏低。

当进行轴测时,是以指针摆动最大数字为读数(最高点)。测量孔时,是以指针摆动最小数字(最低点)为读数。

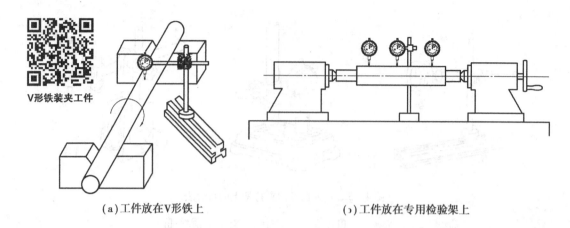

(a)工件放在V形铁上　　　　　　　　　(b)工件放在专用检验架上

图4.28　轴类零件圆度、圆柱度及跳动

检验工件的偏心度时,如果偏心距较小,可按如图4.29所示的方法测量偏心距,把被测轴装在两顶尖之间,使百分表的测量头接触在偏心部位上(最高点),用手转动轴,百分表上指示出的最大数字和最小数字(最低点)之差的,就等于偏心距的实际尺寸。偏心套的偏心距也可用上述方法来测量,但必须将偏心套装在心轴上进行测量。

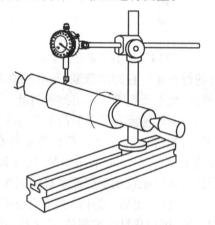

图4.29　在两顶尖上测量偏心距的方法

偏心距较大的工件,因受到百分表测量范围的限制,就不能用上述方法测量。这时,可用如图4.30所示间接测量偏心距的方法。测量时,把V形铁放在平板上,并把工件放在V形铁中,转动偏心轴,用百分表测量出偏心轴的最高点,找出最高点后,工件固定不动。再用百分表水平移动,测出偏心轴外圆到基准外圆之间的距离 a,然后计算出偏心距 e,即

$$\frac{D}{2} = e + \frac{d}{2} + a$$

$$e = \frac{D}{2} - \frac{d}{2} - a$$

式中　e——偏心距,mm;

　　　D——基准轴外径,mm;

　　　d——偏心轴直径,mm;

　　　a——基准轴外圆到偏心轴外圆之间最小距离,mm。

用上述方法,必须把基准轴直径和偏心轴直径用百分尺测量出正确的实际尺寸,否则计算时会产生误差。

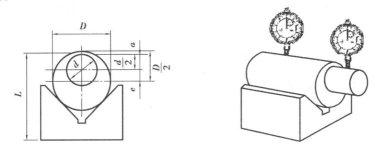

图4.30　偏心距的间接测量方法

⑦检验车床主轴轴线对刀架移动平行度时,在主轴锥孔中插入一检验棒,把百分表固定在刀架上,使百分表测头触及检验棒表面,如图4.31所示。移动刀架,分别对侧母线 A 和上母线 B 进行检验,记录百分表读数的最大差值。为消除检验棒轴线与旋转轴线不重合对测量的影响,必须旋转主轴180°,再同样检验一次 A,B 的误差分别计算,两次测量结果的代数和之半就是主轴轴线对刀架移动的平行度误差。要求水平面内的平行度允差只许向前偏,即检验棒前端偏向操作者;垂直平面内的平行度允差只许向上偏。

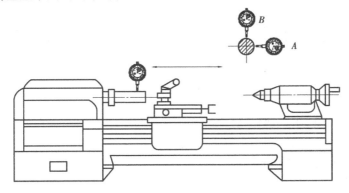

图4.31　主轴轴线对刀架移动的平行度检验
A—侧母线位置;B—上母线位置

⑧检验刀架移动在水平面内直线度时,将百分表固定在刀架上,使其测头顶在主轴和尾座顶尖之间的检验棒侧母线上(见图4.32位置 A),调整尾座,使百分表在检验棒两端的读数相等;然后移动刀架,在全行程上检验。百分表在全行程上读数的最大代数差值,即水平面内的直线度误差。

⑨在使用百分表的过程中,要严格防止水、油和灰尘渗入表内,测量杆上也不要加油,以免粘有灰尘的油污进入表内,影响表的灵活性。

⑩百分表不使用时,应使测量杆处于自由状态,以免使表内的弹簧失效。例如,内径百分表上的百分表,不使用时,应拆下来保存。

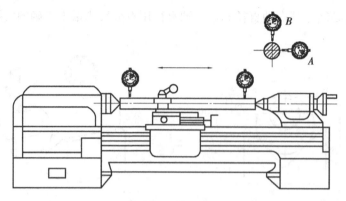

图 4.32　刀架移动在水平面内的直线度检验

【思考题】

1. 一般尾座装配工作有哪些要求?

2. 按基本装配线路尾座部件分为哪几部分?

3. 使用百分表测量时应注意哪些事项?

【任务实施】

1) 装配工作准备

(1) 工作场地、机械部件及工具

①场地

实训车间。

②机械部件

CA6140 型普通车床尾座部件。

③工具

装配工具及量具等,每组一套。

(2) 作业前准备

①将装配的零件分类放置。

②清洗所有零部件。

2) 实施步骤

(1) 规划装配顺序,制订装配步骤和内容

规划装配顺序就是装配操作前要规划好先装什么后装什么。装配顺序基本上是由设备的结构特点和装配形式决定的。装配顺序总是首先确定一个零件作为基准件,然后将其他零件依次地装到基准件上去。例如,柴油机的总装顺序总是以机座为基准件,其他零件(或部件)逐次往上装。一般来说,机械设备的装配可按照由下部到上部、由固定件→运动件→固定件、由内部到外部等规律来安排装配顺序。

尾座可按由下到上的顺序来装配,以尾座底板作为装配基准,首先把尾座底板装在床身导轨上,然后依次装上尾座体、尾座主要工作部分组合等。其具体过程为:装尾座体及横向调整装置,装尾座主要工作部分组合,将尾座底板装在床身导轨上,将手轮装置装于丝杠上,装尾架与车床床身夹紧装置,装顶尖套夹紧装置,调整并紧固横向调整装置、床身夹紧装置。

（2）编制装配工艺规程

将合理的装配工艺过程和操作方法等按一定的格式编写而成的书面文件即装配工艺规程。它是组织装配工作、指导装配作业的主要依据。一般装配工艺文件包含有装配工艺流程图、装配工艺过程卡、装配工序卡、零件清单、工具清单等。下面介绍几种最常用的装配工艺文件,同学们可结合尾座的装配规划填写这些工艺文件。

①装配工艺流程图

装配工艺流程图是将工艺路线、工艺步骤以及具体工作点及内容等用图示方式表达出来的一种技术图样,是指导装配工作的组织实施,以及分析和编制工艺规程的基本指导文件。装配工艺流程图一般应清晰地体现工艺路线、工作顺序、具体工作地点、工作内容等,并有正确的图样标记说明。

②装配工艺过程卡

装配工艺过程卡属装配工艺规程的基本文件,是整个装配工作的系统指导文件。一般包含工作内容、工艺装备、工时定额等。

③装配工序卡

如果说装配工艺过程卡是指导整个装配工作的系统文件,那么,装配工序卡则是对装配工艺过程卡的进一步说明,其更具体和细化,更具有针对性,是对装配工艺过程卡中每一工序的具体要求。

（3）实施装配

进行装配规划、制订装配工艺文件后,就可进行装配操作了。在装配操作过程中,应注意遵守装配工艺文件的要求。

【考核评价】

序号	评分项目	评分标准	分值	检测结果	得分
1	装配相关要求	填写装配工作步骤	15		
2	分析尾座装配工艺过程分析	填写工艺路线表	15		
3	确定装配方案、步骤及尾座装配	尾座装配工艺流程图	20		
4	装配工艺编制及应用	尾座装配工艺过程卡 尾座装配工序卡 每3人一组,汇报课题完成情况	50		

项目 **5**

数控机床主轴部件的装配与调试

【教学目标】

能力目标:培养对数控机床主轴箱部件的典型零件进行选型的能力。

能够合理使用各种工量夹具对数控机床的主轴箱进行装配与调整。

能够正确对机床主轴进行静态和动态精度检测。

知识目标:掌握复杂零部件常用的拆装工具及其使用方法。

掌握主轴箱主要零件的检测与修复方法 。

素质目标:培养团队协作能力,交流沟通能力。

积极做好 5S 活动,养成良好职业习惯。

树立质量品质意识,培养良好的职业规范。

【项目导读】

金属切削机床的工件或刀具直接安装在主轴上,主轴系统是用来产生刀具切削运动的关键部件,其性能将直接影响机床的加工能力、加工效率和加工精度。主轴部件的各种零部件只有经过正确的装配,才能完成符合主轴装配精度要求的产品。

【任务描述】

学生以企业制造部门装配工艺员的身份进入机械装配工艺模块,根据机床主轴箱部件的装配工艺特点制订合理的装配工艺路线。首先了解机床主轴部件的组成、制订装配工艺规程的原则和步骤。然后对主轴部件的装配工艺进行分析,确定其对应的装配方法。最后确定装配过程中各装配过程的安排、检测量具的选用及其装配精度的确定等。通过对机械部件装配工艺规程的制订,分析解决产品装配过程中存在的问题和不足,并对编制工艺过程中存在的问题进行研讨和交流。

【工作任务】

按照 CA6140 型卧式车床主轴箱主轴箱图的装配精度要求,了解主轴箱部件的结构与装配工艺的基本内容。能灵活应用各种装配与检测量具,完成主轴箱的装配。分析产品装配图,确定各零件的安装顺序和检测过程。通过对主轴轴组的装配,分析并解决装配过程中存在的问题和不足,并对装配工艺过程中存在的问题进行研讨和交流。

任务 5.1　装配与修复齿轮传动机构

【任务引入】

如图 5.1 所示为 CA6140 型卧式车床主轴箱主轴箱图。试完成其主轴上 4 个齿轮的修复及装配,把齿轮箱装回到箱体,并检查、调整啮合精度。

图 5.1　主轴箱

【任务分析】

齿轮传动是各种机械传动中最常用的传动方式之一。CA6140 型卧式车床主轴箱各轴的运动就是通过齿轮传动来实现的。

由图 5.2 可知,主轴上有 3 个齿轮,齿轮 1 固定在主轴上;齿轮 2 是滑移齿轮;齿轮 3 为斜齿轮,并固定在主轴上;M2 为齿轮离合器,是主轴实现高速和低速的转换部件。任务步骤为:安装齿轮—检查齿轮—装入箱体。

【相关知识】

5.1.1　齿轮传动的特点

齿轮传动是机械传动常见的传动方式之一。它依靠轮齿的啮合来传递运动和扭矩。齿轮传动具有能保证准确传动比、传递的功率和速度范围大、传动效率高、使用寿命长、结构紧凑、体积小等优点。它在传动时噪声较大,易产生冲击振动,不适合远距离传动,制造成本高。

5.1.2　齿轮传动的装配技术要求

①齿轮孔与轴的配合要适当。空套齿轮在轴上不得有晃动现象;滑移齿轮不应有咬死或阻滞现象;固定齿轮不得有偏心或歪斜现象。

②保证齿轮有准确的安装中心距和适当的齿侧间隙。齿侧间隙是指齿轮非工作表面法线方向距离。齿侧间隙过小,齿轮传动不灵活,热胀时会卡齿,加剧磨损;齿侧间隙过大,则易产生冲击、振动。

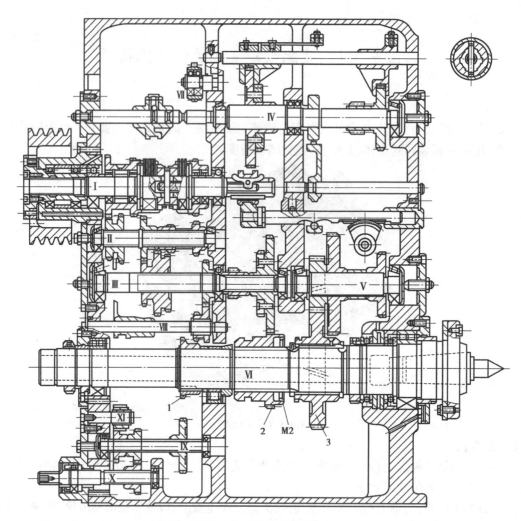

图5.2　主轴箱展开图

③保证齿面有一定的接触面积和正确的接触位置。

④对转速较高的大齿轮,一般应在装配到轴上后再做动平衡检查。

⑤对转速较高的大齿轮,一般应在装配到轴上后再做动平衡检查,以免振动过大。

5.1.3　齿轮与轴的装配

齿轮与轴的联接形式有固定联接、空套联接和滑动联接3种。固定联接主要有键联接、螺栓法兰盘联接和固定铆接等;滑动联接主要采用的是花键联接。

具体装配方法如下:

①清除齿轮与轴配合面的污物和毛刺。

②对采用固定键联接的,应根据键槽尺寸,认真锉配键,使之达到键联接的要求。

③清洗并擦净配合面,涂润滑油后将齿轮装配到轴上。

a.当齿轮和轴是滑移联接时,装配后的齿轮轴上不得有晃动现象,滑移时不应有阻滞和卡死现象;滑移量及定位要准确,齿轮啮合错位量不得超过规定值。

b.对过盈量不大或过渡配合的齿轮与轴的装配,可采用锤击法或专用工具压入法将齿轮装配到轴上。

c.对过盈量较大的齿轮与轴的装配,应采用温差法,即通过加热齿轮(或冷却轴颈)的方法,将齿轮装配到规定的轴上。

d.当齿轮用法兰盘和轴固定联接时,装配齿轮和法兰盘后,必须将螺钉紧固;采用固定铆接的方法时,齿轮装配后必须用铆钉铆接牢固。

④对精度要求较高的齿轮与轴的装配,齿轮装配后必须对其装配精度进行严格检查。其检查方法如下:

A.直接观察法

装配后不同轴,如图 5.3(a)所示;装配后齿轮歪斜,如图 5.3(b)所示;装配后齿轮端面未紧贴轴肩,如图 5.3(c)所示。

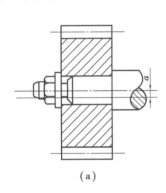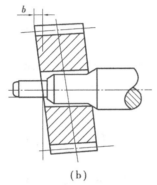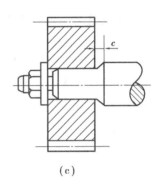

(a)　　　　　　　　　(b)　　　　　　　　　(c)

图 5.3　齿轮与轴的装配

B.齿轮径向圆跳动检查

将装配后的齿轮轴支承在检验平板上的两个 V 形架上,使轴与检验平板平行。把圆柱规放到齿轮槽内,使百分表测头轴及圆柱规的最高点,测出百分表的读数值。然后转动齿轮,每隔 3~4 个齿检查一次,转动齿轮一周,百分表的最大读数与最小读数之差,即齿轮分度圆的径向圆跳动误差,如图 5.4 所示。

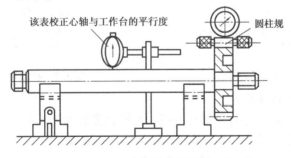

该表校正心轴与工作台的平行度　　　圆柱规

图 5.4　齿轮精度的检测

齿轮在轴上装好后,对精度要求高的,应检查齿轮径向跳动量和端面跳动量。检查径向圆跳动误差的方法如图 5.5 所示。在齿轮旋转一周内,百分表的最大与最小读数之差,即齿轮分度圆上的径向圆跳动误差。

C.齿轮端面圆跳动检查

将齿轮轴支顶在检验平台上两顶尖之间,将百分表触头抵在齿轮的端面上,在齿轮旋转一周范围内,百分表的最大与最小读数之差,即齿轮端面圆跳动误差。齿轮端面圆跳动误差检测如图 5.5 所示。

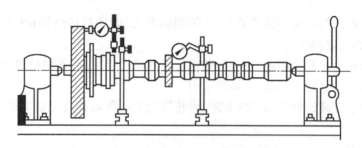

图 5.5　齿轮端面圆跳动误差检测

5.1.4　齿轮轴装入箱体

1）装配前对箱体孔精度的检查

（1）孔距的检查

相互啮合的一对齿轮的安装中心距是影响其齿侧间隙的主要因素，应在规定的公差范围内。孔距检查方法如图 5.6 所示。用游标卡尺分别测得孔的直径大小 d_1，d_2，L_1，L_2 的值，然后计算出中心距 A，即

$$A = L_1 + \left(\frac{d_1}{2} + \frac{d_2}{2} \right)$$

$$A = L_2 - \left(\frac{d_1}{2} + \frac{d_2}{2} \right)$$

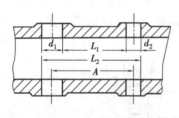

图 5.6　孔距的检测

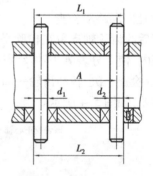

图 5.7　孔系平行度的检测

（2）孔系（轴系）平行度检验

孔系平行度影响齿轮的啮合位置和面积。其检验方法如图 5.7 所示。分别测出心棒两端尺寸 L_1 和 L_2，两尺寸之差（$L_1 - L_2$）就是两空轴线的平行度误差值。

（3）轴线与基面距离尺寸精度和平行度检验

检验方法如图 5.8 所示。箱体用等高垫块支承在平板上，心棒与孔紧密配合，用高度尺测量心棒两端尺寸 h_1 和 h_2，则轴线与基面的距离 h 为

$$h = \frac{h_1 + h_2}{2} - \frac{d}{2} - a$$

平行度误差为

$$\Delta = h_1 - h_2$$

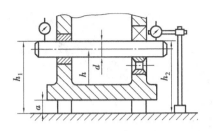

图 5.8　轴线与基面的检测

（4）孔中心线与端面垂直度检验

图 5.9（a）是将带圆盘的专用心棒插入孔中，用涂色法或塞尺检查孔中心线与端面的垂直度；图 5.9（b）是用心棒和百分表检查，心棒转动一周读数最大与最小值之差，即端面对孔中心线的垂直度误差。

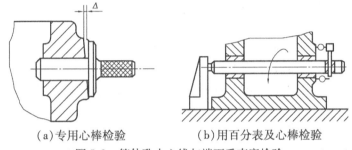

（a）专用心棒检验　　　　（b）用百分表及心棒检验

图 5.9　箱体孔中心线与端面垂直度检验

（5）孔中心线同轴度检验

如图 5.10（a）所示为成批生产时用专用心棒进行检验。若心棒能自由地推入几个孔中，即表明孔同轴度合格。

如图 5.10（b）所示为用百分表心棒进行检验。转动心棒一周内，百分表最大读数与最小读数之差的 1/2，即同轴度误差值。

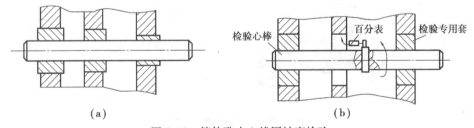

（a）　　　　　　　　　　（b）

图 5.10　箱体孔中心线同轴度检验

2）将齿轮轴组装入箱体

一般将齿轮轴组装入箱体的顺序都是从最后一根从动轴开始装起，然后逐级向前进行装配。车床主轴箱装配中，应按照由下而上的顺序，逐级装入箱体。

将轴组装入箱体时，要保证齿轮轴向位置准确。如图 5.11 所示，相互啮合的齿轮副装配一对就检查一对，以中间平面为基准对中。当齿轮轮缘宽度小于 20 mm 时，轴向错位不得大于 1 mm；当齿轮轮缘宽度大于 20 mm 时，错位量不得大于轮缘宽度的 5%，且最多不得大于 5 mm。

图 5.11　齿轮轴组与箱体的装配

3)检查齿轮的啮合质量

(1)检查齿侧间隙

①压铅丝法检查齿侧间隙

如图 5.12 所示,在齿面沿齿宽两端平行放置两条铅丝,宽齿可放 3~4 条,铅丝直径不宜超过最小齿侧间隙的 4 倍。转动相啮合的两个齿轮挤压铅丝,铅丝被挤压后最薄处的尺寸,即齿侧间隙。

②用百分表检查齿侧间隙

将百分表的测头与一个齿轮分度圆处的齿面接触,另一个齿轮固定。将接触百分表的齿轮从一侧啮合转到另一侧啮合,百分表的最大读数与最小读数之差,即齿侧间隙。

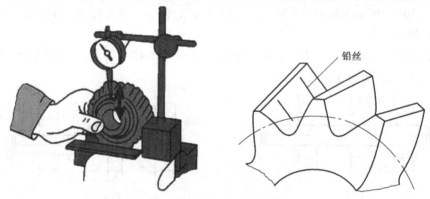

铅丝

图 5.12　齿侧间隙的检测

(2)检查接触精度

将红丹粉均匀地涂于大齿轮的齿面上,转动齿轮,从动轮稍微制动(主要是为了增大摩擦力)。对双向工作的齿轮,正反两个方向都要检查。用于一般传动的齿轮,在齿廓高度上接触斑点不少于 30%,在齿廓宽度上接触斑点不少于 40%,其分布的位置应是自分度圆处为基准,上下对称。

齿轮在转动过程中,齿轮上不仅受到载荷的作用,而且接触的两齿面产生一定的相对滑动压力,齿轮在受力的两齿面间就产生滑动摩擦,使齿轮发生磨损。如果磨损的速度符合预定的设计使用期限,则应视为正常磨损。正常磨损的齿面发光亮,没有明显摩擦痕迹,在规定的磨损期限内,并不影响齿轮的工作能力。但齿面磨损严重时,会使渐开线齿面损坏,加大了齿侧间隙,而引起传动不平稳和冲击,甚至会因齿厚被过度磨薄,在受载荷时发生齿断和倒齿现象。

在高速重载齿轮传动中,如果散热不好,使润滑油温急剧上升,黏度降低,会造成齿面之间油膜严重磨损。另外,在低速重载的齿传动时,由于工作齿面间压力很大,易将润滑油膜挤破,致使两啮合齿轮的两齿面金属直接接触,这时齿面产生瞬时高温,较软齿的表面金属会熔焊在与之相啮合的另一齿轮的齿面上。当齿轮继续旋转时,由于两齿面的相对滑动,就在软件齿面上形成与滑动方向一致的撕裂沟痕,这种现象称为齿面咬合。

为了防止齿面咬合,对低速传动的可采用黏度大的润滑油,对高速传动的则可采用硫化的润滑油,使油膜牢固吸附在齿面上,而不易被挤破,还可选择不同的材料使两齿不易咬合,以及提高齿面硬度和表面光洁度等。

5.1.5　齿轮的修理

齿轮出现齿面磨损,开式或低速齿轮的磨损量超过节圆齿厚的 30% 时,齿轮应报废;中速传动齿轮的磨损量超过齿厚的 20% 时,齿轮应报废;经过渗碳的齿轮,如果渗碳层磨损达 80% 或渗碳层出现裂纹时,齿轮应报废。当齿轮的磨损量不超过上述规定时,可采取以下办法进行修复。

1)镶齿修复法

对负荷不大、转速不高的齿轮,个别轮齿打掉后,修复时把坏齿轮根部在刨床上刨出梯形槽,以一定的紧度把与槽形相同的新齿坯压入,焊牢或采用螺栓联接并加工整形。

2)堆焊修复法

个别轮齿磨损或齿端两面磨损超过极限等,都可根据齿轮损坏情况,在齿轮的整个或部分表面上堆焊一层或数层金属。齿轮的焊补修复可分为电焊和气焊。堆焊修复齿轮,操作简单,修复质量较好。

3)更换齿圈法

先将磨损的齿轮退火,车去全部轮齿,再压入齿圈。为防止松动,可沿配合圆周点焊或钻孔安装稳定。

【思考题】

1.齿轮装配的技术要求是什么?

2.齿轮的径向圆跳动和端面圆跳动如何检测?

3.齿轮轴装入箱体前对箱体孔进行哪些精度检测?

【任务实施】

1)装配工作准备

(1)工作场地、机械部件及工具

①场地

实训车间。

②机械部件

CA6140 型普通车床主轴箱部件。

③工具

装配工具及量具等,每组一套。

（2）作业前准备

①将装配的零件分类放置。

②清洗所有零部件。

2）实施步骤

（1）规划装配顺序，制订装配步骤和内容

规划装配顺序就是装配操作前要规划好先装什么后装什么。装配顺序基本上是由设备的结构特点和装配形式决定的。装配顺序总是先确定一个零件作为基准件，再将其他零件依次装到基准件上。

（2）编制装配工艺规程

将合理的装配工艺过程和操作方法等按一定的格式编写而成的书面文件，即装配工艺规程。它是组织装配工作、指导装配作业的主要依据。一般装配工艺文件包含有装配工艺流程图、装配工艺过程卡、装配工序卡、零件清单、工具清单等。

（3）实施装配

进行装配规划、制订装配工艺文件后，就可以进行装配操作了。在装配操作过程中，应注意遵守装配工艺文件的要求。

【考核评价】

序号	评分项目	评分标准	分值	检测结果	得分
1	安装前清除齿轮的污物和毛刺	清除的整洁度	5		
2	齿轮径向圆跳动的检测	检测不正确扣5分 不检查扣10分	10		
3	齿轮端面圆跳动的检测	检测不正确扣5分 不检查扣10分	10		
4	齿轮与轴的安装方法	安装方法不正确扣10分	10		
5	箱体孔系的检查	检查方法不正确扣5分 孔距不检查扣5分 孔系平行度不检查扣5分 孔系同轴度不检查扣5分 孔中心线与基面垂直度不检查扣5分	25		
6	齿轮啮合质量的检测	齿轮侧间隙不检查扣5分 接触精度不检查扣5分	10		
7	安全文明操作	根据现场情况	10		
8	装配工艺编制	齿轮装配工艺过程卡，每3人一组，汇报课题完成情况	20		

任务5.2　装配与调整带轮机构

【任务引入】

完成 CK6140 型数控车床中带传动机构的装配与调整。

【任务分析】

带传动机构的装配与调整是继主轴箱、进给箱、溜板箱、尾座安装后的主要安装工序之一。正确地安装和调整带传动机构是机床工作平稳、减少噪声、有效传递力的关键。

由图 5.13 可知,带传动机构将电动机的运动传递到主轴箱,通过箱内的传动系统,实现车床的主运动——主轴的旋转运动。其步骤为:安装主轴箱第一根轴和带轮、电动机和带轮—安装 V 带—调整 V 带。

图 5.13　CA6140 车床齿轮装置

【相关知识】

5.2.1　带传动的特点

带传动是一种常见的机械传动。它是依靠张紧在带轮上的带与带轮之间的摩擦力来传递动力的。带传动具有工作平稳、噪声小、结构简单、不需要润滑、缓冲吸振、制造容易、过载保护,以及能适应中心距较大的两轴传动等优点。但其缺点是传动比不准确,传动效率低,使用寿命较短。常用的有三角带传动和平带传动两种。这里主要介绍三角带传动。

5.2.2　V 带传动机构的装配要求

①带轮的安装要正确。通常要求径向跳动量为 $(0.0025 \sim 0.0005) \times D$ mm,端面跳动量为 $(0.0005 \sim 0.0001) \times D$ mm,D 为带轮直径。例如,带轮 400 mm 直径:允许最大径向跳动 1 mm,端面最大跳动 0.2 mm。

②两带轮中间平面要重合,一般斜角应不超过 1°。

③带轮表面粗糙度要适当,一般表面粗糙度 Ra 为 3.2 μm,表面光滑皮带容易打滑,带轮表面粗糙容易发热,加剧皮带磨损。

④皮带包角应不小于120°,以保证传递足够的功率。

⑤带的张紧力要适当,太松传递力不够,太紧容易造成轴承发热和损坏,甚至造成带轮连接轴处弯曲或断裂。

5.2.3 带传动的主要传动形式

1)按照传动比分类

按照传动比分类,带传动可分为定传动比、有级变速、无级变速,如图5.14所示。

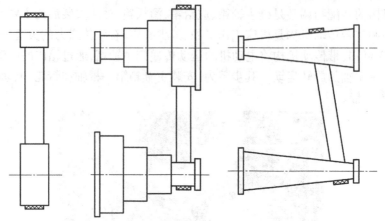

图5.14 带传动的不同形式

2)根据传动布置情况分类

(1)开口传动(见图5.15)

在这种传动中,两轴平行且都向同一方向回转。它是应用最广泛的带传动形式。

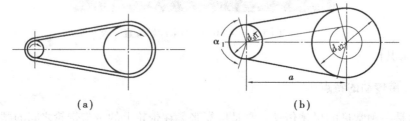

(a)   (b)

图5.15 开口传动

(2)交叉传动(见图5.16(a))

交叉传动用来改变两平行轴的回转方向。由于带在交叉处互相摩擦,使带很快地磨损。因此,采用这种传动时,应选用较大的中心距($a_{min} \geqslant 20b$, b 为带宽度)和较低的带速($v_{max} \leqslant 15$ m/s)。

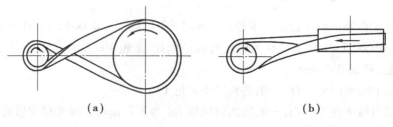

(a)   (b)

图5.16 交叉传动

（3）半交叉传动（见图 5.16（b））

半交叉传动用来传递空间两交错轴间的回转运动。通常两轴交错角为 90°。

交叉传动和半交叉传动只适用于平带传动。

5.2.4 带轮的安装

①清除带轮孔、轮缘、轮槽表面上的污物和毛刺。

②检验带轮孔的径向圆跳动和端面圆跳动

a.将检验棒插入带轮孔中，用两顶尖支顶检验棒。

b.将百分表测头分别置于带轮圆柱面和带轮端面靠近轮缘外。

c.旋转带轮一周，百分表在圆柱面上的最大读数差，即带轮径向圆跳动误差；百分表在端面上的最大读数差，即带轮端面圆跳动误差。

③锉配平键，保证键联接的各项技术要求。

④把带轮孔、轴颈清洗干净，涂上润滑油。

⑤装配带轮时，使带轮键槽与轴颈上的键对准。当孔与轴的轴线同轴后，用铜棒敲击带轮靠近孔端面处，将带轮装配到轴颈上。也可用螺旋压入工具将带轮压入轴上。

⑥检查两带轮的相互位置精度。

a.当两带轮的中心距较小时，可用较长的钢直尺紧贴一个带轮的端面，观察另一个带轮端面是否与该带轮端面平行或在同一个平面内。若检验结果不符合技术要求，可通过调整电动机的位置来解决。

b.当两带轮的中心距较大无法用钢直尺来检验时，可用拉线法检验。使拉线紧贴一个带轮的端面，以此为射线延长至另一个带轮的端面，观察两带轮端面是否平行或在同一个平面内。

5.2.5 V 带的安装

安装 V 带时，首先将其套在小带轮轮槽中，然后套在大轮上，边转动大轮，边用一字旋具将带放入带轮槽中。其操作方法如下：

①将 V 带套入小带轮最外端的第一个轮槽中。

②将 V 带套入大带轮轮槽，左手按住大带轮上的 V 带，右手握住 V 带往上拉，在拉力作用下，V 带沿着转动的方向即可全部进入大带轮的轮槽内，如图 5.17（a）所示（特别提醒，要注意防止手被带压住而碰伤）。

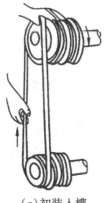 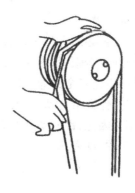

（a）初装入槽　　　　　　（b）移入第二个槽轮

图 5.17 V 形带轮的安装方法

③用一字旋具撬起大带轮(或小带轮)上的V带,旋转带轮,即可使V带进入大带轮(或小带轮)的第二个轮槽内,如图5.17(b)所示。

④重复上述步骤③,即可将第一根V带逐步拨到两个带轮的最后一个轮槽中。

⑤检查V带装入轮槽中的位置是否正确,如图5.18所示。

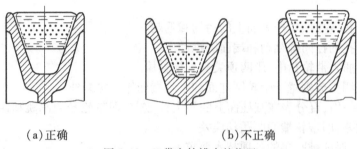

(a)正确   (b)不正确

图5.18　V带在轮槽中的位置

5.2.6　带传动张紧力的检查与调整

1)带传动张紧力的检查

安装V带时,应按规定的初拉力张紧,如图5.19所示。对中等中心距的带传动,也可凭经验安装,带的张紧程度以大拇指能将带按下15 mm为宜。新带使用前,最好预先拉紧一段时间后再使用。

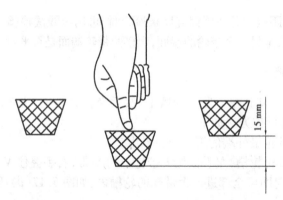

图5.19　带张紧力的检查

2)带传动张紧力的调整

根据摩擦传动原理,带必须在预张紧后才能正常工作。运转一定时间后,带会松弛,为了保证带传动的能力,必须重新张紧,才能正常工作。可通过改变中心距来调整张紧力的大小。

由于传动带的材料不是完全的弹性体。因此,带在工作一段时间后会发生塑性伸长而松弛,使张紧力降低。为了保证带传动的能力,应定期检查张紧力的数值。发现不足时,必须重新张紧,才能正常工作。因此,带传动需要有重新张紧的装置。张紧装置分定期张紧、自动张紧和采用张紧轮装置3种,见表5.1。

表 5.1　带传动的张紧方法

中心距可调			
	利用调整螺旋张紧	利用调整螺旋张紧	自动张紧
	适用于水平传动或接近水平的带传动	适用于垂直或接近垂直的带传动	适用于中小功率的传动
中心距不可调			
	张紧轮张紧	张紧轮张紧	
	张紧轮应装于松边外侧靠近小带轮,以增大包角	张紧轮应装于松边内侧,以免带反向弯曲降低寿命	

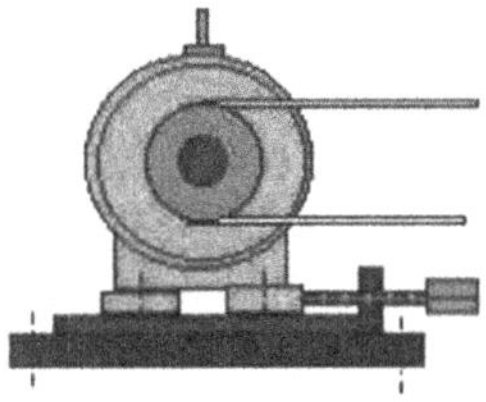

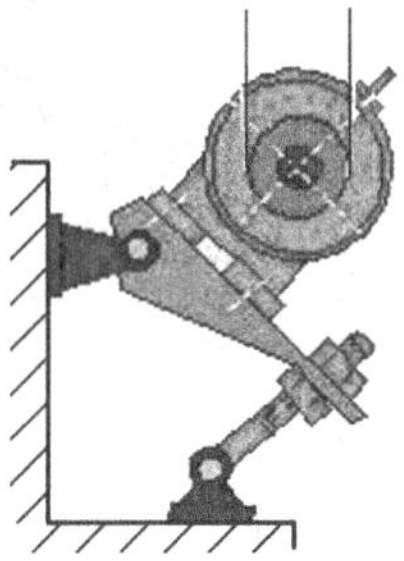

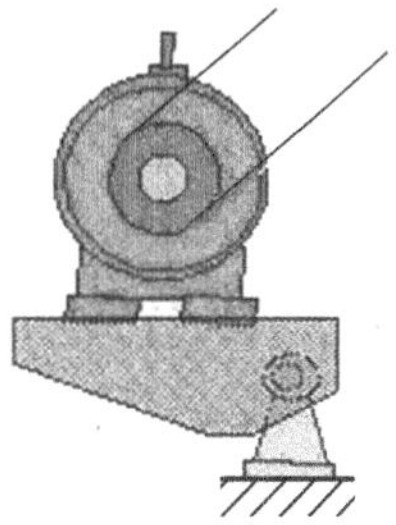

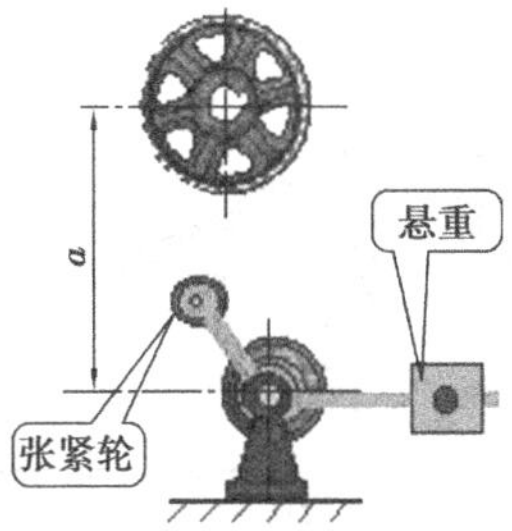

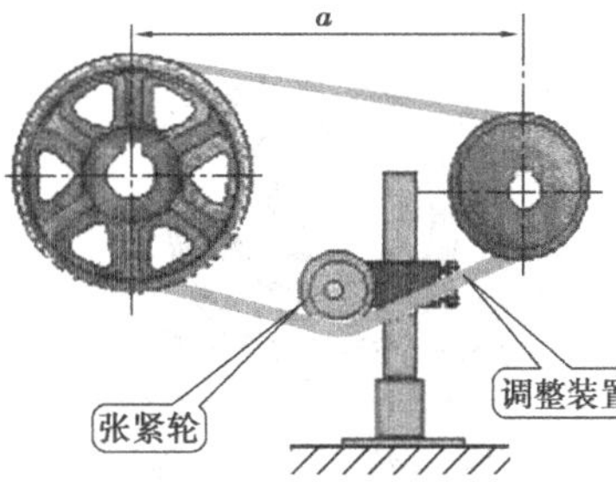

（1）定期张紧装置

采用定期改变中心距的方法来调节带的预紧力,使带重新张紧。在水平或倾斜不大的传动中,可采用如图 5.20 所示的方法,将装有带轮的电动机安装在装有滑道的基板上。通过旋动左侧的调节螺钉,将电动机向右推移到所需位置后,拧紧电动机安装螺钉即可实现张紧。在垂直的或接近垂直的传动中,可采用如图 5.20 所示的方法,将装有带轮的电动机安装可调的摆架上。

（2）自动张紧装置

将装有带轮的电动机安装在浮动的摆架上（见图 5.21）,利用电动机的自重,使带轮随同电动机绕固定轴摆动,以自动保持张紧力。

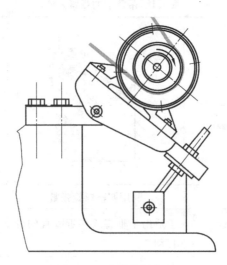

图 5.20　定期张紧装置

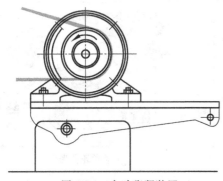

图 5.21　自动张紧装置

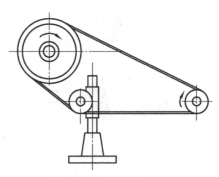

图 5.22　张紧轮装置

（3）采用张紧轮的装置

当中心距不能调节时,可采用张紧轮将带张紧,,如图 5.22 所示。张紧轮一般应放在松边的内侧,使带只受单向弯曲。同时,张紧轮应尽量靠近大轮,以免过分影响在小带轮上的包角。张紧轮的轮槽尺寸与带轮的相同,且直径小于带轮的直径。

5.2.7　带传动的安装及维护

正确安装、使用和妥善保养是保证带传动正常工作、延长胶带寿命的有效措施。一般应注意以下 6 点:

①安装 V 带时,首先将中心距缩小后将带套入,然后慢慢调整中心距,直至张紧。

②安装 V 带时,两轮轴线应互相平行,各带轮相对应的轮槽的对称平面应重合,其偏角误差不得超过 20′,如图 5.23 所示。

③对多根 V 带传动,要选择公差值在同一档次的带配成一组使用,以免各带受力不均。

④新旧带不能同时混合使用。更换时,要求成组更换。

⑤定期对 V 带进行检查,以便及时调整中心距或更换 V 带。

⑥为了保证安全,带传动应加防护罩,同时应防止油、酸、碱等对 V 带的腐蚀。

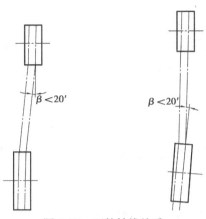

图 5.23　两轮轴线关系

5.2.8　带轮机构的修理

1)带轮轴颈弯曲的修理

①首先将带轮从弯曲的轴颈上卸下来,然后将带轮轴从机体中取出(见图5.24)。

②将带轮轴放在 V 形架上,百分表测量头放在弯曲轴颈端部的外圆上,转动带轮轴一周,在轴颈上标记百分表最大读数和最小读数处,百分表的最大读数差即轴颈的弯曲量,如图5.25所示。

③当带轮轴颈弯曲量较小时,可用如图5.26所示的方法进行矫正修复。当弯曲量较大时,应更换新轴。

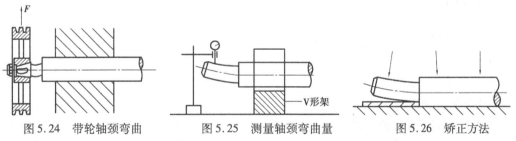

图 5.24　带轮轴颈弯曲　　　图 5.25　测量轴颈弯曲量　　　图 5.26　矫正方法

2)带轮孔与轴配合松动的修复

①带轮孔与轴的磨损量较小时,首先将带轮孔在车床上修光,保证其自身的形状精度合格,然后将轴颈修光(保证形状精度合格),根据孔径实际尺寸进行镀铬修复。

②带轮孔带轮轴的磨损量均较大时,首先将轴颈在车床或磨床上修光,并保证其自身形位精度合格;然后将带轮孔镗大、镶套,并用骑缝螺钉固定的方法修复,如图5.27所示。

3)带轮轮槽磨损的修复

将带轮从轮轴上卸下来,在车床上将原带轮槽车深。同时,修整带轮的轮缘,保证轮槽尺寸、形状符合要求,如图5.28所示。

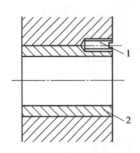

图 5.27　镶套、骑缝螺钉固定修复法
1—骑缝螺钉;2—镶套

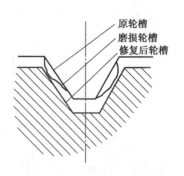

图 5.28　修整带轮的轮缘

4)调整张紧装置

在正常的修带被拉长而打潜时,可通过调整张紧装置来解决。若超出正常范围的拉长而引起打滑,应整组更换 V 带。

【思考题】

1.V 带传动机构的装配要求是什么?

2.带传动机构有哪些修复方法?

3.带轮张紧方法有哪些?

【任务实施】

1)装配工作准备

(1)工作场地、机械部件及工具

①场地

实训车间。

②机械部件

CA6140 型普通车床带轮装置部件。

③工具

装配工具及量具等,每组一套。

(2)作业前准备

①将装配的零件分类放置。

②清洗所有零部件。

2)实施步骤

(1)规划装配顺序,制订装配步骤和内容

规划装配顺序就是装配操作前要规划好装配的先后顺序。

(2)编制装配工艺规程

将合理的装配工艺过程和操作方法等按一定的格式编写而成的书面文件,即装配工艺规程。它是组织装配工作、指导装配作业的主要依据。

(3)实施装配

进行装配规划、制订装配工艺文件后,就可进行装配操作了。在装配操作过程中,应注意遵守装配工艺文件的要求。

【考核评价】

序号	评分项目	评分标准	分值	检测结果	得分
1	安装前清除带轮的污物和毛刺	清除的整洁度	5		
2	百分表的安装与使用	使用方法不正确扣5分 安装方法不正确扣5分	10		
3	带轮圆跳动的检测	检测不正确扣5分 读数不正确扣5分	10		
4	两带轮的相互位置精度	检测不正确扣5分 读数不正确扣5分	10		
5	安装 V 带的方法	带装入不正确扣10分 方法不正确扣10分	20		
6	张紧力的检查方法	检查方法不正确扣10分 处理方法不正确扣10分	20		
7	安全文明操作	根据现场情况	10		
8	装配工艺编制	带装置装配工艺过程卡,每3人一组,汇报课题完成情况	15		

任务 5.3　装配、检测与调整主轴轴组

【任务引入】

完成 CK6140 型数控车床中主轴轴组的装配与调整。

【任务分析】

主轴箱是机床的重要的部件,是用于布置机床工作主轴及其传动零件和相应的附加机构的。主轴箱是一个复杂的传动部件,包括主轴组件、换向机构、传动机构、制动装置、操纵机构及润滑装置等。其主要作用是支承主轴并使其旋转,实现主轴启动、制动、变速及换向等功能。

主轴箱位于车床左方的床身上。主轴Ⅵ的回转运动是由电动机输出的恒定转速,通过带轮和各级齿轮的传递实现的。通过主轴箱内滑移齿轮组成不同的传递路线,主轴可获得各级转速。通过操纵机构还可实现主轴的启动、停止和换向等。

【相关知识】

5.3.1　数控机床的变速方式

1)带有变速齿轮的主传动

带有变速齿轮的主传动,可实现分段无级变速,调速范围大,但结构复杂,成本高(见图5.29)。它适用于大中型机床。

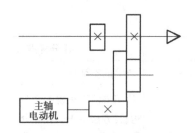

图 5.29　带有变速齿轮的主传动

2）通过带传动的主传动

通过带传动的主传动,可避免齿轮传动的振动和噪声,结构简单,但调速范围小(见图 5.30)。它适用于低转矩特性要求的小型机床。

3）由调速电机直接驱动的主传动

主轴电动结构紧凑,效率高,但转速受电机的限制(见图 5.31)。

图 5.30　通过带传动的主传动　　　　　图 5.31　由调速电机直接驱动的主传动

5.3.2　主轴轴组常见机械结构

1）主轴结构

车床的主轴是一个空心阶梯轴,如图 5.32 所示。其内孔是用于通过棒料或卸下顶尖时所用的铁棒,也可用于通过气动、液压或电动夹紧驱动装置的传动杆。主轴前端有精密的莫氏 6 号锥孔,用来安装顶尖或心轴,利用锥面配合的摩擦力直接带动心轴和工件转动。主轴后端的锥孔是工艺孔。

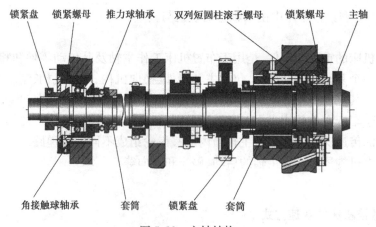

图 5.32　主轴结构

2）主轴材料与热处理方法

①一般机床主轴,常用 45 钢,调质到 220 ~ 250 HBS,主轴端部锥孔、定心轴颈或定心圆锥面等部位局部淬硬至 50 ~ 55 HRC。

②精密机床主轴,要求在长期使用中因内应力引起的变形要小,故应选用在热处理后残余应力小的材料, 如 40Cr 或 20Cr,16MnCr5,12CrNi2A 等渗碳淬硬。

③高精度磨床的主轴、镗孔和坐标镗床主轴,要求有很高的耐磨性,可选用 38CrMoAlA,进行氮化处理,使表面硬度达到 1 100 ~ 1 200 HV(相当于 69 ~ 72 HRC)。

3)主轴常用轴承

对于机床主轴来说,轴承的刚度是一项重要的特征值,但通过相应的轴承预紧是可以改变的。主轴转速越高,角接触球轴承的接触角越大。15°的角接触球轴承要比 25°的角接触球轴承能承受的转速更高。在极高的工作转速下,可使用以陶瓷(氮化硅)球为滚动体的混合主轴轴承,即用陶瓷球代替一般的钢球。如图 5.33 所示为数控机床主轴常用轴承。

（a）双列角接触球轴承　　　　　　　　（b）双向推力角接触球轴承

（c）双列圆柱滚子轴承　　　　　　　　　（d）陶瓷球轴承

图 5.33　数控机床主轴常用轴承

4)机械主轴的拉松刀机构

如图 5.34 所示,拉松刀机构工具系统是为主轴/刀柄接口提供夹紧力和松刀功能的装置。刀具夹紧前后的工作示意图如图 5.35 所示。刀柄与主轴的联接采用膨胀式夹紧机构。

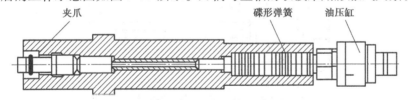

图 5.34　拉松刀机构工具系统示意图

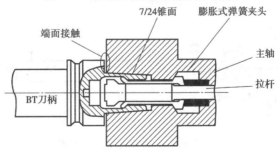

图 5.35　刀具夹紧前后的工作示意图

81

5）电主轴

电主轴是把电动机转子和主轴做成一体而得到的主轴。机床采用集成内装式电主轴的结构。该结构基本上取消了带传动和齿轮传动等中间传动环节,主轴由内装式电动机直接驱动,从而把机床主传动链的长度缩短为零,实现了机床主轴的"零间隙传动"。

5.3.3　主轴精度的检测

1）装配前主轴精度测量

①在 V 形架上测量 ,如图 5.36 所示。

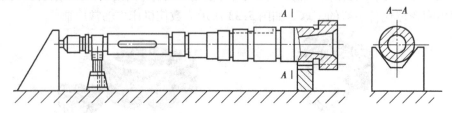

图 5.36　V 形架支承

②在车床或其他专用测量设备上测量 ,如图 5.37 所示。

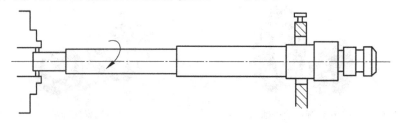

图 5.37　测量主轴

2）主轴装配后的精度测量与分析

①用带锥度的工艺心棒检查主轴锥孔的径向圆跳动误差,如图 5.38 所示。

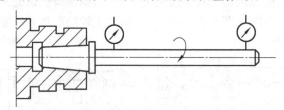

图 5.38　径向圆跳动检测

②用法兰盘心棒检查主轴轴线径向圆跳动误差,如图 5.39 所示。

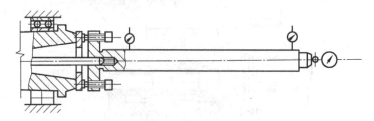

图 5.39　主轴轴线径向圆跳动

3)车床主轴部件的装配

①读懂主轴部件装配图,如图 5.40 所示。

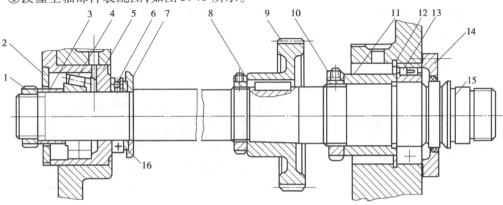

图 5.40　主轴部件装配图

1,8,10—圆螺母;2—盖板;3,11—衬套;4—圆锥滚子轴承;5—轴承座体;6—推力球轴承;

7,16—垫圈;9—齿轮;12—弹性垫圈;13—圆柱滚子轴承;14—前盖;15—主轴

②装配过程如下:

a.将弹性垫圈 12 和圆柱滚子轴承 13 的外圈装入箱体前轴承孔中。

b.将图示的组件(装入箱体前先组装好),从前轴承孔中穿入。在此过程中,首先从箱体上面依次将键、齿轮 9、圆螺母 8、垫圈 7 和 16 以及推力球轴承 6 装在主轴上,然后把主轴移动到规定位置。

c.从箱体后端,把图示的后轴承座体和圆锥滚子轴承外圈组件装入箱体,并拧紧螺钉。

d.将圆锥滚子轴承 4 的内圈装在主轴上。敲击时,用力不要过大,以免主轴移动。

e.依次装入衬套 3、盖板 2、圆螺母 1 及前盖 14,并拧紧所有螺钉。

f.调整、检查。

5.3.4　车床主轴部件的预装与试车调整

主轴的虚拟加工过程

1)主轴的预装调整

(1)后轴承的调整

先将圆螺母 1 松开,旋转圆螺母 1,逐渐收紧圆锥滚子轴承和推力球轴承,用百分表触及主轴前肩台面,用适当的力前后推动主轴,保证轴向间隙在 0.01 mm 之内。

(2)前轴承调整

调整时,逐渐拧紧圆螺母 10,通过衬套 11,使轴承内圈在主轴锥部作轴向移动,迫使内圈胀大,保持轴承内外滚道的间隙在 0 ~ 0.005 mm 为宜。

2)主轴的试车调整

打开箱盖,按油标位置加入润滑油,适当旋松主轴承圆螺母 10 和圆螺母 1(旋松圆螺母前,最好用划针在圆螺母边缘和主轴上作一记号,记住原始位置,以供调整时参考)。用木槌在主轴前后端适当振击,使轴承回松,保持间隙为 0 ~ 0.02 mm。从低速到高速空转不超过 2 h,而在最高速度下,运转应不少于 30 min,一般油温不超过 60 ℃即可。

5.3.5 主轴装配与检测保证

1）主轴装配与检测实施

TH6340 交换台卧式加工中心主轴内部结构如图 5.41 所示。

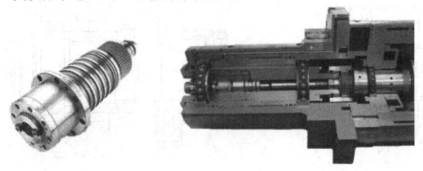

图 5.41 TH6340 交换台卧式加工中心主轴内部结构

2）主轴的装配技术要求

主轴锥孔轴线的径向跳动如下：

①靠近主轴端面处：0.008 mm。

②距主轴端面 300 mm 处：0.020 mm。

③轴的轴向窜动：0.008 mm。

3）装配方法的选择

定向装配就是人为地控制各装配件径向跳动误差的方向，使误差相互抵消而不是累积，以提高装配精度的一种方法。装配前，须对主轴锥孔轴线偏差及轴承内外圈径向跳动进行测量，确定误差大小和方向并做好标记。

滚动轴承定向装配时，其主轴的装配与检测保证如下：

①主轴前轴承的径向圆跳动量比后轴承的径向圆跳动量小。

②前后两个轴承径向圆跳动量最大的方向置于同一轴向截面内，并位于旋转中心线的同一侧。

③前后两个轴承径向圆跳动量最大的方向与主轴锥孔中心线的偏差方向相反。

【思考题】

1. 一般主轴装配工作有哪些要求？

2. 按基本装配线路确定主轴部件分为哪几部分？

3. 装配工艺过程卡包含哪些基本内容？简述装配工序卡应用的意义。

【任务实施】

1）装配工作准备

（1）工作场地、机械部件及工具

①场地

实训车间。

②机械部件

CA6140 型普通车床主轴部件。

③工具

装配工具及量具等,每组一套。

(2)作业前准备

①将装配的零件分类放置。

②清洗所有零部件。

2)实施步骤

①规划装配顺序,制订装配步骤和内容。

②编制装配工艺规程。

③实施装配。

进行装配规划,制订装配工艺文件。在装配操作过程中,应注意遵守装配工艺文件的要求。

【考核评价】

序号	评分项目	评分标准	分值	检测结果	得分
1	装配相关要求	填写装配工作步骤	15		
2	分析主轴装配工艺过程	填写工艺路线表	15		
3	确定装配方案、步骤及主轴组件装配	主轴组件装配工艺流程图	20		
4	装配工艺编制及应用	主轴组件装配工艺过程卡,每3人一组,汇报课题完成情况	50		

项目 **6**
装配工具的选用与检测

【教学目标】

能力目标:培养在装配中进行合理选择工具的能力。

能够合理使用各种装配工具对机械部件进行装配与调整。

能够正确对装配后产品精度进行检测。

知识目标:掌握复杂零部件常用的拆装工具及其使用方法。

掌握端面、外圆柱面、圆锥面的检测。

素质目标:培养团队协作能力,交流沟通能力。

积极做好 5S 活动,养成良好职业习惯。

树立质量品质意识,培养良好的职业规范。

【项目导读】

钳工是目前机械制造和修理工作中不可缺少的重要工种。其主要特点是手持工具进行操作,加工灵活、方便;能加工机床难以加工的某些形状复杂、质量要求较高的零件。但是,钳工的劳动强度大,生产率低,对工人的技术水平要求较高。

为了减轻劳动强度,提高生产率和产品质量,钳工工具及工艺正在不断改进,并在逐渐实现机械化和半自动化。钳工工作种类繁多,有普通钳工、划线钳工、模具钳工、装配钳工及修理钳工等。钳工的基本操作有划线、锯削、锉削、钻孔、铰孔、攻螺纹和套螺纹、刮削及研磨等,还包括机器的装配、调试和设备的维修等。

【任务描述】

学生以企业制造部门装配工艺员的身份进入机械装配工艺模块,要对装配工具进行全面认识和理解。熟悉刮削的特点和应用;了解刮刀的材料、种类和平面刮刀的尺寸及几何角度;能进行平面刮刀的热处理及刃磨。

【工作任务】

了解常用装配与检测工具的结构与原理,能灵活选用和使用各种装配与检测量具。掌握平面、圆柱面和螺纹等检测。选用合适的刮刀对导轨面的刮削进行操作,完成接触面精度的检测。

任务6.1　常见平面、圆柱面的检测

【任务引入】

完成 CK6140 型数控车床中主轴零件的检测。

【任务分析】

对常见工具和量具的特性进行分析,能在不同情况下选用合适的工量具。

【相关知识】

6.1.1　端面的检测

刀口角尺使用

端面加工最主要的要求是平面度和表面粗糙度。检查其是否平直,可采用钢尺作工具。严格时,可用刀口角尺作透光检查,如图 1.1 所示。

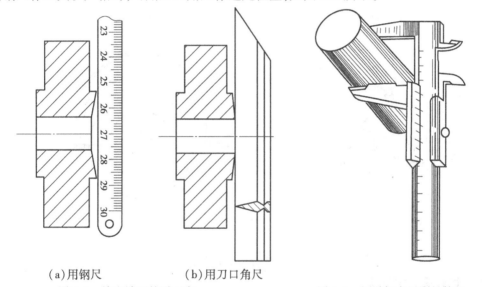

(a)用钢尺　　　　　(b)用刀口角尺　　　　　图6.2　用游标卡尺测量外径
图6.1　检查端面的平面度

6.1.2　外圆柱面的检测

外圆表面的加工,要保证零件的尺寸精度等要求。检查时,可采用钢尺、游标卡尺、千分尺或百分表等工具。

1)用游标卡尺测量外径

测量前,使卡口宽度大于被测量尺寸,然后推动游标,使测量脚平面与被测量的直径垂直并接触,得到尺寸后把游标上的螺钉紧固,然后读数,如图 6.2 所示。

2)用千分尺测量外径

测量时,首先工件放置于两测量面之间,然后转动微分筒。当测量面接近工件时,改用测力装置,直到发出"卡、卡"跳动声音。此时,应锁紧测微螺杆,进行读尺。用千分尺测量小零件时,测量方法如图 6.3(a)所示。

测量精密的零件时,为了防止千分尺受热变形,影响测量精度,可将千分尺装在固定架上

测量,如图6.3(b)所示。

在车床上测量工件,必须先停车再测量。其测量方法如图6.3(c)所示。

在车床上测量大直径工件时,千分尺两个测量头应在水平位置上,并要求垂直于工件轴。测量时,左手握住尺架,右手转动测力装置,靠千分尺的自重在工件直径方向找出最大尺寸,如图6.3(d)所示。

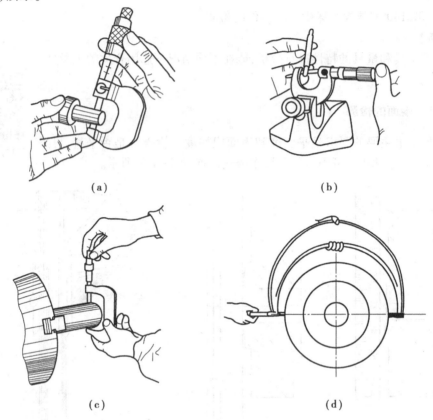

图6.3　用千分尺测量外径

3)外圆柱长度尺寸的检测

外圆加工结束后,一般使用钢直尺、内卡钳、游标卡尺及深度游标卡尺来测量长度。对批量大、精度较高的工件,可用校板进行测量,如图6.4所示。

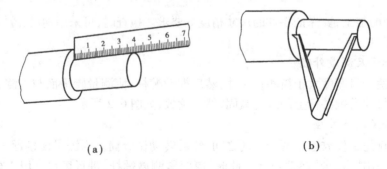

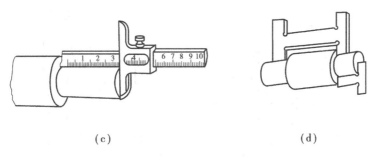

(c)　　　　　　　　　　　　(d)

图 6.4　外圆长度尺寸的检测

6.1.3　外圆锥面的检测

外圆锥面的检测包括圆锥角度和尺寸精度两个检测项目。常用的检测工具有万能角尺和角度样板。检测配合精度要求较高的锥度零件,则采用涂色检验法;对 3°以下的角度,则采用正弦规检测。

1)角度和锥度的检测

(1)用万能角度尺检测

万能角度尺的测量范围为 0°～320°。用万能角度尺检测外圆锥角度时,应根据工件角度的位置和大小,选择不同的测量方法,如图 6.5 所示。

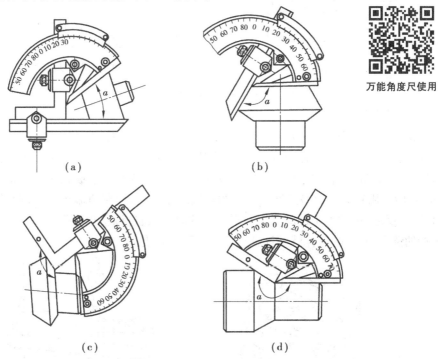

万能角度尺使用

(a)　　　　　　　　　　(b)

(c)　　　　　　　　　　(d)

图 6.5　用万能角度尺测量工件的方法

(2)用角度样板检测

角度样板是根据被测角度的两个极限尺寸制成的。如图 6.6 所示为采用专用的角度样板测量锥齿轮轮坯角度的情况。

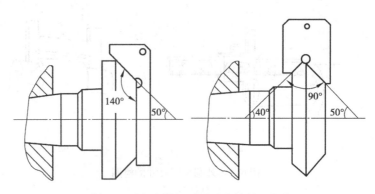

图 6.6　用角度样板测量锥齿轮轮坯角度

（3）用涂色法检测

检验标准外圆锥面时，可用标准圆锥套规来测量，如图 6.7 所示。测量时，首先在工件表面顺着锥体母线用显示剂均匀地涂上 3 条线（约 120°），然后把工件放入套规锥孔转动半周，最后取下工件，观察显示剂擦去均匀，说明圆锥接触良好，锥度正确。如果小端擦着，大端没擦去，则说明圆锥角小了；反之，则说明圆锥角大了。

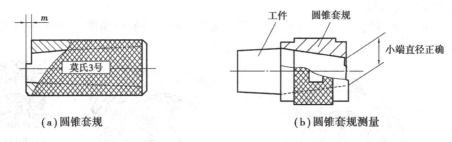

（a）圆锥套规　　　　　　　　　　（b）圆锥套规测量

图 6.7　标注圆锥套规及其测量方法

（4）用正弦规检测

正弦规是利用正弦函数原理精确地检验锥度或角度的量具。它由一块精确的钢质长方体和两个相同的精密圆柱体组成，如图 6.8 所示。测量时，将正弦规安放在平板上，一端圆柱体用量块垫高，量块组的高度尺寸为 $H = L \sin(\alpha/2)$。被测工件放在正弦规的平面上（见图 6.8（b）），然后用百分表检验工件圆锥面的两端高度，如指针在两端点指示值相同，则说明圆锥半角准确；反之，则被测工件圆锥角有误差。这时，可通过调整量块组的高度，使百分表在圆锥面两端的读数值相同，这样就可计算出圆锥实际的角度。

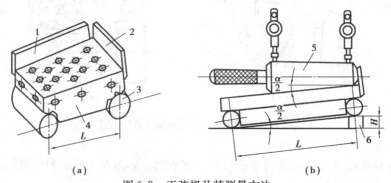

（a）　　　　　　　　　　　　　　（b）

图 6.8　正弦规及其测量方法

1,2—挡板；3—圆柱；4—长方体；5—工件；6—量块

2）圆锥尺寸的检测

圆锥的大端和小端直径可用圆锥套规来测量，如图6.9（a）所示。在套规端面上有一个台阶（或刻线），台阶长度（或刻线之间的距离）就是圆锥大小端直径的公差范围。检测方法如图6.9所示。测量外圆锥时，如果锥体的小端平面在缺口之间，则说明其小端直径尺寸合格；如锥体未能进入缺口，则说明其小端直径尺寸大了；如锥体小端平面超过了止端缺口，则说明其小端直径尺寸小了。

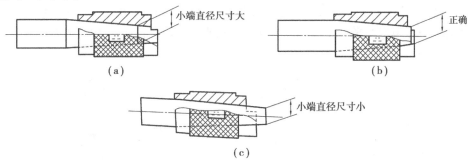

图6.9 用圆锥套规测量锥体的方法

6.1.4 螺纹的检测

螺纹的检测方法可分为综合检测和单项检测两类。

1）综合检测

综合检测是指同时检测螺纹各主要部分的精度。通常采用螺纹极限量规来检测内外螺纹是否合格（包括螺纹的旋合性和互换性）。

螺纹量规有螺纹环规和螺纹塞规两种，如图6.10所示。前者用于测量外螺纹，后者用于测量内螺纹。每一种量规均由通规和止规两件（两端）组成。检测时，通规能顺利与工件旋合，止规不能旋合或不完全旋合，则螺纹为合格。反之，通规不能旋合，则说明螺母过小，螺栓过大，螺纹应予修退；当止规与工件能旋合，则表示螺母过大，螺栓过小，螺纹是废品。对精度要求不高的螺纹，也可用标准螺母和螺栓来检测，以旋入工件时是否顺利和旋入后松动程度来判定螺纹是否合格。

（a）螺纹塞规　　　　　　　　　　　　　　（b）螺纹环规

图6.10 螺纹量规

螺纹综合检测不能测出实际参数的具体数值，但检测效率高，使用方便，广泛用于标准螺纹或大批量生产的螺纹检测。

2）单项检测

单项检测是指用量具或量仪测量螺纹每个参数的实际值。

（1）测量大径

因螺纹的大径公差较大，故一般只需采用游标卡尺或千分尺测量，方法与外圆直径的测量相同。

（2）测量螺距

在车削螺纹时，从第一次纵向进给运动开始时就要作螺距的检查。第一刀在工件上切出一条很浅的螺旋线，用钢直尺、游标卡尺或螺距规进行测量。工件加工完后，用钢直尺、游标卡尺量出几个螺距的长度 L，（见图 6.11（a）），然后按 $P = L/n$ 计算出螺距；或用螺距规直接测定螺距，测量时把螺距规在平行工件轴线方向嵌入齿形中，轮廓完全吻合者，则为被测螺距值，如图 6.11（b）所示。

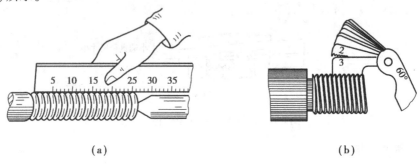

（a）   （b）

图 6.11 螺纹测量

（3）测量中径

①螺纹千分尺测量

螺纹千分尺的读数原理与普通千分尺相同。其测量杆上安装了具有不同的螺纹牙形、不同螺距的成对配套的测量头，如图 6.12 所示。当两个测量头卡在螺纹牙型面上时，千分尺读数就是螺纹中径的实际尺寸。

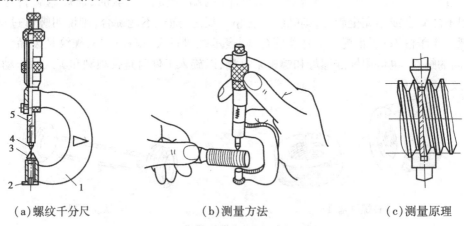

（a）螺纹千分尺   （b）测量方法   （c）测量原理

图 6.12 螺纹千分尺测量螺纹中径

1—尺架；2—砧座；3—下测量头；4—上测量头；5—测量螺杆针测量

②三针测量

该方法采用的量具是 3 根直径相同的圆柱形量针。测量时，把 3 根量针放置在螺纹两侧相对应的螺旋槽内，用千分尺量出两边量针之间的距离 M，如图 6.13（b）所示。可根据已知的螺距 P、牙型半角 $\alpha/2$ 和量针直径 d_0 的数值，计算螺纹中径 d_2 的实际尺寸。

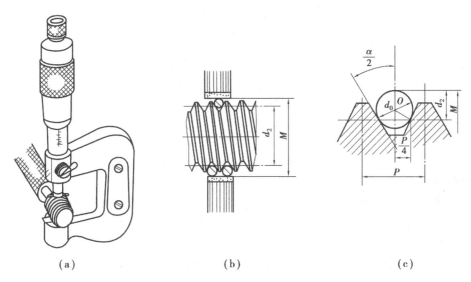

（a）　　　　　　　　　　（b）　　　　　　　　　　（c）

图 6.13　三针测量螺纹中径

为了消除牙型半角误差对测量结果的影响,应选最佳量针直径,使它与螺纹牙型侧面的接触点恰好在中径线上,如图 6.13(c)所示。

对普通螺纹,牙型角为 60°。三针测量法主要用于测量精密的外螺纹中径,其方法简单,测量精度高,故在生产中应用广泛。

6.1.5　轴类零件的综合检验

轴类零件的检验包括精度检验和表面质量检验两个方面。精度检验包括尺寸精度、位置精度、形状精度等;表面质量检验包括表面粗糙度和表面力学物理性能检验。检验分工序检验和成品检验。工序检验可检查出工序中存在的问题,便于及时纠正并监督工艺过程的正常进行。工序检验一般安排在关键工序或工时较长的工序前后;零件转换车间前后,特别进行热处理工序的前后;各加工阶段前后,在粗加后精加工前,精加工后精密加工前。成品检验则是在零件全部加工完成后进行的,通过检验可确定零件是否达到设计要求,检验各项目的依据是零件图。

1)外圆柱面尺寸精度的检验

其检验工具和方法因生产批量不同而不同。单件小批量生产时,尺寸精度一般采用通用量具,如钢直尺、游标卡尺、千分尺、卡钳、百分表及深度游标卡尺等检验工具来测量轴径和轴长;大量生产时,一般应用专用量具,如界限量规。界限量规分为卡规和塞规两种。卡规用来测量轴径或其他外表面;塞规用来测量孔径或其他内表面。界限量规是一种无刻度的专用检验工具,检验时只能确定工件是否在允许的极限尺寸范围内,不能测量出工件的实际尺寸。

界限卡规的形状如图 6.14 所示。它有两个测量面。尺寸大的一端是按被测轴的最大极限尺寸制造的,在测量时应通过轴颈,称为通规;尺寸小的一端是按被测轴的最小极限尺寸制造的,在测量时不应通过轴颈,称为止规。

用卡规检验工件时,如果通规能通过,止规不能通过,就说明零件的尺寸在允许的公差范围内,否则零件不合格。

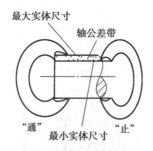

图 6.14　界限卡规及其使用

2）形状精度的检验

轴类零件的形状精度一般包括圆度及圆柱度等。在形状误差的检测中,以测得要素作为实际要素,根据测得要素来评定形状误差值,判断是否符合形状精度要求。

（1）外圆柱面的圆度误差测量

车削、磨削加工的外圆柱面误差多为椭圆形,一般用千分尺和游标卡尺按两点法测量。其测量方法如下:

①千分尺或游标卡尺测量

用千分尺或游标卡尺分别测定最大直径处及最小直径处,以两直径差的 1/2 作为该轴的单个截面上的圆度误差。

②百分表测量

对要求较高的表面,轴的外圆表面的圆度误差一般用百分表(指示精度为 0.01 mm)或千分表(指示精度为 0.001 mm 或 0.002 mm)进行测量。百分表常用的有钟表式和杠杆式两种。钟表式百分表简称为百分表,如图 6.15 所示。杠杆百分表如图 6.16 所示。杠杆百分表的体积较小,杠杆测头方向可以改变,在校正工件和测量工件时较灵活方便,尤其是小孔的测量,使用杠杆百分表较为方便。

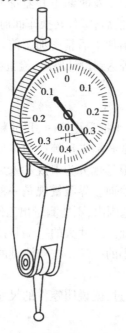

图 6.15　钟表式百分表

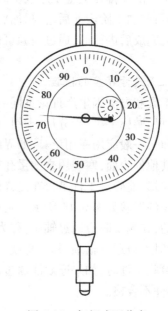

图 6.16　杠杆式百分表

百分表在使用时,一般装在普通表面上或装在有磁性的专用表面上,如图 6.17(a)所示。表架放在平板上或某一平整位置上,百分表在表架上可上下、前后调节。测量时,测量头与轴的外圆表面接触,测量杆的轴线应与工件直径方向一致并垂直于工件的轴线。测量时,测量杆应有一定的预压量,一般为 0.3 ~ 1 mm,以保持一定初始测量力,提高示值的稳定性,同时把指针指到表盘的零位,然后转动被测零件。在测量截面内读取的最大值与最小值之差的 1/2,即单个截面的圆度误差。按上述方法测量若干个截面,取其中最大的误差作为该段外圆度误差,如图 6.17(b)、(c)所示。

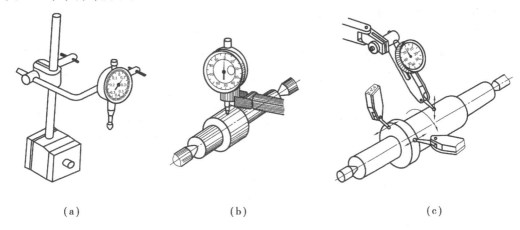

(a)   (b)   (c)

图 6.17 百分表的测量方法

③圆度仪测量

如图 6.18 所示,将工件放在精密转台上,回转转台,测针触头相对于转台中心轨迹即模拟的理想圆。被测实际轮廓对模拟理想圆的径向变化,由电测头测量,测量信号经电子系统处理后,在圆扫描示波器的屏幕上显示被测轮廓的形状,并在数字显示器上以数字直接显示圆度误差值。

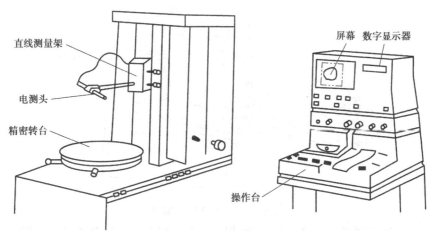

图 6.18 圆度仪测量

(2)外圆的圆柱度误差测量

轴类零件的圆柱度误差采用百分表进行测量。用百分表在外圆柱面全长上取前、中、后各段测量几个截面的径向尺寸,以所有测量值中的最大值与最小值的差的 1/2 作为外圆柱面全长的圆柱度误差。

常用表面粗糙度的测量方法有比较法、光切法、干涉法及感触法。

①比较法

将零件被测表面与粗糙度样块对照,用目测或借助放大镜、比较显微镜等工具进行比较,也可用手摸、指甲划动的感觉来判断被加工表面粗糙度。

表面粗糙度样板的材料、形状及制造工艺尽可能与工件相同,否则会产生过大的误差。用比较法评定表面粗糙度不够精确,但因器具简单,使用方便,且能满足一般的生产要求,故适用在车间现场评定中等或较粗糙的表面。

②光切法

光切法是利用"光切原理",借助双管显微镜来测量表面粗糙度的。如图6.19所示为9J型光切显微镜。测量时,把工件放置在工作台上,被测表面的加工纹理方向调到与投射扁平光带相垂直,然后进行粗、微调焦,直至在微测目镜的视场内观察到清晰的实际轮廓的放大光亮带为止,如图6.20所示。旋转微测目镜鼓轮,分划板上的十字刻线就会移动,这样就能测出每个峰顶到谷底的距离 N,计算出实际微观不平高度 h 平均值,这就是一个取样长度内的 Rz 值,即

$$h = \frac{\sqrt{2}N}{2V}$$

式中　V——显微镜物镜放大倍数;

　　　N——峰顶至谷底的平均值。

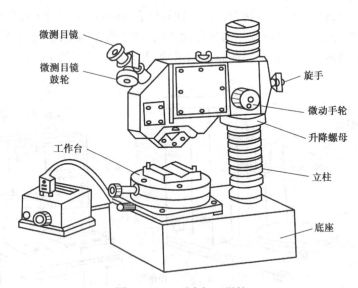

图6.19　9J型光切显微镜

光学显微镜主要用来测定高度参数 Rz 和 Ry 值,测量范围一般为 Rz 0.8 ~ 80 μm。

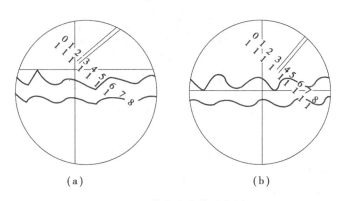

图6.20　轮廓光亮带示意图

③干涉法

干涉法是利用光波干涉原理来测量表面粗糙度的。所使用的仪器是干涉显微镜。如图
6.21所示为6JA型显微镜。测量时,将工件安装在工作台上,转动工作台使其上下移动,进行
调焦,通过显微镜内部的光波干涉作用,在目镜上可观察到反映被测表面状态的明暗相间的干
涉条纹。如被测表面为理想平面,则干涉条纹为一组等距斜行的条纹线;若被测表面微观不
平,则形成弯曲条纹,其弯曲程度随着微观不平度的高度值而变化,如图6.22所示。用测量装
置分别测出弯曲度A和相邻两条干涉条纹的距离B,则微观不平度的高度的计算公式为

$$h = \frac{A\lambda}{2B}$$

式中　λ——光波波长,白光波长约为0.54 μm。

根据上述公式,即可计算出被测表面微观不平度高度值h。

干涉法主要用于测量表面粗糙度的Rz和Ry参数,被测量范围一般Rz为0.05~0.8 μm,
表面太粗糙不能形成干涉条纹。

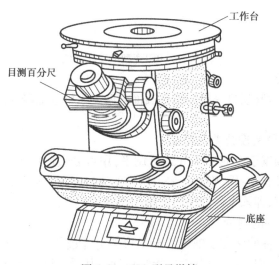

图6.21　6JA型显微镜

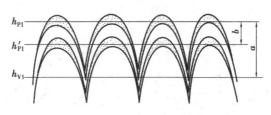

图 6.22 干涉条纹图

④感触法

感触法是利用仪器的触针与被测表面相接触,并使触针以一定速度沿着被测表面移动,从而测出表面粗糙度 Ra 值。

感触法测量用的仪器是电动轮廓仪。如图 6.23 所示为 BCJ-2 型电动轮廓仪。测量时,零件放置在驱动器工作台的 V 形块上,将触针搭在工件上,与被测表面垂直接触,利用驱动箱以一定的速度拖动传感器作往复移动,触针随着被测表面的凸凹不平作上下微量移动。这种移动引起传感器内电量的变化,电量的变化经相关处理后,由指示表直接读出 Ra 值。

感能法使用简单、迅速,能直接读出表面粗糙度 Ra 值,测量范围为 $0.01 \sim 10$ μm,并能在车间现场使用,因此在生产中得以广泛的应用。

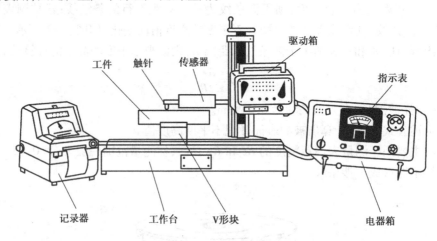

图 6.23 BCJ-2 型电动轮廓仪

3)位置精度的检验

位置、跳动精度的检验项目一般包括各表面对两支承轴颈的径向圆跳动误差、端面圆跳动误差和同轴度误差等。

(1)外圆表面径向圆跳动公差的测量

零件的两支承轴颈置于 V 形架上并进行调平,用百分表(或千分表)来检验外圆表面,如图 6.24 所示。将工件回转一周,则百分表上所得的读数差即该截面的圆跳动误差。取各截面上测量得到的最大差值,即该工件的径向圆跳动误差。

(2)端面圆跳动误差的测量

如图 6.24 所示,零件的两支承轴颈置于 V 形架上并进行调平,百分表的测头靠在需测量的端面上,将工件旋转一周,观察百分表的指针偏动。其最大读数差就是测量面上所测直径处的端面圆跳动误差。再将测头放置在同一端面若干不同直径处进行测量,其跳动量的最大值即该端面上的端面圆跳动误差。

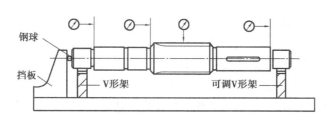

用百分表检测圆跳动

图 6.24　径向圆跳动和端面圆跳动误差的测量

（3）两支承轴颈的同轴度误差的测量

测量方法如图 6.25 所示。百分表上的圆跳动量反映的是两支承轴颈对两中心孔公共轴线的同轴度误差与轴颈圆度误差之和。当圆度误差很小可忽略时，百分表测量数据视为支承轴颈对两中心孔公共轴线的同轴度误差；当圆度误差不能忽略时，则百分表测量数据减去圆度误差即支承轴颈对中心孔公共轴线的同轴度误差。

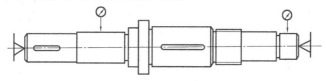

图 6.25　同轴度误差的测量

（4）键槽对称度的检测

如图 6.26 所示，将工件置于 V 形铁内，选择一块与键槽宽度相同的量块塞入键槽内，使量块的平面大致处于水平状态，用百分表检测量块的上表面，使之与平板平行并读数，这样上下两表面读数的差值即轴上键槽的对称度误差值。

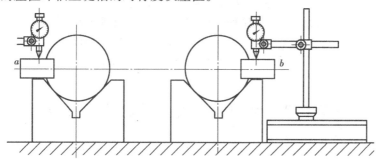

图 6.26　键槽对称度误差的测量

6.1.6　热处理硬度的检验

硬度是指材料抵抗局部变形，特别是塑料变形、压痕或划痕的能力，是衡量材料软硬的依据。它是检验原材料、毛坯和成品（或热处理后）零件的重要力学性能的指标。硬度检验采用硬度试验法，包括布氏硬度试验法、洛氏硬度试验法和维氏硬度试验法等。洛氏硬度试验操作简便、迅速，压痕小，可测试成品表面及较硬、较薄的工件，适用于测定钢铁、有色金属、硬质合金等的硬度。一般在热处理后用洛氏硬度计在热处理车间进行全检或抽检，若无特殊要求，以后可不再检验。

如图 6.27 所示，检测时试件 11 放在工作台 12 上，按顺时针方向转动手轮 14，工作台上升至试件与压头 10 接触。继续转动手轮，通过压头和压轴顶起加载杠杆 7，并带动指示器表盘 9

的指针转动,待小指针指到黑点时,试件已被加上98N的载荷。随后,转动指示器表盘使大指针对准"0"(测HRB时对准"30"),按下按钮释放砝码座4,在砝码5,6的作用下,顶杆8在缓冲器3的控制下匀缓下降,主载荷通过加载杠杆、压轴和压头作用于试件上。停留规定时间后,扳动加载手柄2,使砝码座顺时针方向转动至原来被锁住的位置。因砝码座上齿轮使扇齿轮、齿条同时运动,故将顶杆8顶起,并卸掉主载荷。这时,指针所指的读数(HRA,HRC读C标尺;HRB读B标尺)即所求的洛氏硬度值。按如此方法测定工件上个点,取其平均值作为试件的洛氏硬度值。

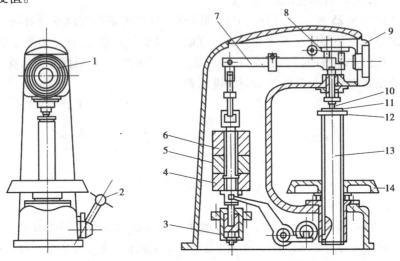

图6.27 洛氏硬度计及硬度检测

1—指示器;2—加载手柄;3—缓冲器;4—砝码座;5,6—砝码;

7—加载杠杆;8—顶杆;9—表盘;10—压头;11—试件;

12—工作台;13—升降丝杠;14—手轮

任务6.2 刮削和研磨工件的检测与应用

【任务引入】

完成CK6140型数控车床中导轨平面的刮研与检测。

【任务分析】

了解刮削和研磨的不同工艺特点,分析其在不同条件下的应用,并能完成导轨平面的刮削与检测。

【相关知识】

6.2.1 刮削技术与检测

刮削是钳工的基本操作方法之一。使用各种不同形状的刮刀,在工件表面上刮去一层薄薄的金属层,以提高工件的加工精度。

刮削的劳动强度较高,尤其是在机床制造的装配工序,刮削的工作量相对于整个装配工作量来说,占有很大的比例。通常工件经过刨、铣等机械加工后,达不到工艺图样的要求,往往要凭借刮削的方法来保证和进一步提高工件的精度。例如：

①相互运动着的导轨副，它的两个摩擦面要求有良好的接触率，接触面积大，承受的压力也就大，耐磨性就好。

②相互联接的两个工件中，结合表面质量高，联接的刚度就强，能使部件的几何精度更趋于稳定，不易产生变形。

③对有密封性要求的表面，如果表面质量差，就会产生漏油、漏气等不良现象。

④要求有准确的尺寸和公差配合的工件，而且这些相配工件的尺寸都必须保证在允许的公差范围内。

⑤机床在装配过程中，要求达到理想的几何精度，需通过调整封闭环的尺寸来实现。

上述各项质量要求，一般都需要通过刮削来达到。因此，要求对刮削工作予以足够的重视。

1）刮削原理和一般刮削过程

（1）刮削原理

刮削也是金属切削的一种形式。但它与车、刨、铣等机械加工的连续切不同，由车、刨、铣等加工出来的工件表面精度，主要依靠工作母机本身的精度。由于在连续切削过程中，不可避免地会产生各种因素引起的振动、刀具的磨损以及热变形等情况，使加工出来的工件表面精度受到不同程度的影响。而刮削主要是运用显示凸点和微量切削来提高工件的精度和表面质量。

刮削的要点有以下两点：

①通过显示凸点法，能准确地显示出工件表面上不合格的部位，即将工件平面上较高的部位显示出来，并加以分析，有助于刮除。

②选择合适的刮刀，进行微量切削，刮去较高部位的金属层。

这样，经过反复地显示凸点和合理地进行刮削，能使工件的加工精度达到预期的要求。

（2）刮削前的准备

工件在刮削前，要清理表面的锈迹、倒钝棱边和去掉毛刺，然后进行调整。如被刮工件的面积较小，又只要求表面的直线度误差时，可由推磨的标准平板根据显点来保证，像这类工件不需用可调垫铁支承，只要让它自然地与地面接触，塞平牢固即可。如果是刮削导轨和大的平面，直线度误差不能单纯地由推磨的标准平板获得，需要通过测量，则被刮工件应采用可调垫铁支承，以便于测量时调整。

（3）刮削的一般工艺过程

刮削的一般工艺过程可分为粗刮、细刮、精刮及刮花纹等。

①粗刮

首先通过测量和显点确定刮削部位，并了解这个部位该刮去多少金属层。如果某一部位的刮削量很大，可集中在这个部位重复数遍，但刀纹要交错进行，才能保证每遍的刮量均匀，防止刮出一个个深凹。用这种方法进行粗刮，能减少显点次数，从而提高工效。

②细刮与精刮

经过粗刮后的工件表面，其直线度误差基本上已达到要求，显点也稀落落地分布于整个平面。因此，进行细刮时，只挑选大而亮的显点，而且每刮一次，显点也逐渐地由稀到密、由大到小，直至达到每25 mm×25 mm内显点若干的要求。精刮在细刮的基础上进行，刮削方法与细刮相同,仍旧是挑选磨得最亮的点子来刮削,刀纹要短要细,以达到更高的精度。

③刮花纹

工件经过刮削后,其表面已形成了花纹,但这种花纹是不规则的,而且不美观。因此,一般对刮削后的工件表面或经精刨、精磨后的表面,还要再刮一层花纹,这样对于导轨来说,能增加其表面的润滑条件,减少摩擦阻力,从而提高其耐磨性能,延长使用寿命。在维修时,可根据花纹的消失情况来判断导轨表面的磨损程度。例如,在非运动表面或外露表面上刮一层花纹,则可提高机床的外观质量。

2)花纹的种类及其刮削方法

常见的花纹如图6.28所示。如图6.28(a)、(b)所示的地毡花纹与斜花纹常刮在仪器仪表上,也可刮在其他外露表面作为装饰。如图6.28(c)、(d)所示的月牙花纹和链条花纹常刮在滑动导轨面。在生产实践中,根据操作者的不同技巧,还可刮削出更多的花纹,如鱼鳞花纹、燕子花纹等。

(a)地毡花纹　　　　　(b)斜花纹　　　　　(c)月牙花纹　　　　　(d)链条花纹

图6.28　常见的花纹种类

(1)刮削花纹

除了掌握刮削的基本功以外,还需具有一定的技巧,才能使刮出的花纹整齐、美观、光滑。

(2)刮削地毡花纹和斜花纹

刮刀在一定的点上,平行往复推刮2~3次,使其出现有规则的方块。

(3)刮削月牙花纹

左手按住刮刀前部,起着压和掌握方向的作用,右手握住刮刀中部并作适当扭动,交叉成45°方向进行。在光线的反射下,能显示出明暗、美观的月牙花纹。

(4)刮削链条花纹

首先刮出一条半圆花纹,又像连续的月牙花纹。刮时,刮刀右角先落,左角稍抬,在综合作用下,刮刀连推带扭不断向前移动。然后调转180°方向,刮削第二条半圆花纹,即可成链条花纹。这种花纹的缺点是头尾连接处容易形成一条较深的划痕。

3)刮削余量

刮削是繁重的体力劳动,而每次所刮的金属层又很少。因此,机械加工后留下的余量不能太多,一般可参考表6.1和表6.2。

表6.1　平面的刮削余量

平面宽度/mm	平面长度/mm				
	100~500	500~1 000	1 000~2 000	2 000~4 000	4 000~6 000
≤100	0.1	0.15	0.20	0.25	0.30
100~500	0.15	0.20	0.25	0.30	0.40

表6.2 曲面的刮削余量

孔径直径/mm	孔长/mm		
	≤100	100~200	200~300
≤80	0.05	0.08	0.12
80~180	0.10	0.15	0.25
180~360	0.15	0.25	0.35

4)刮刀种类

刮刀是刮削的主要工具。切削部分必须具有较高的硬度和锋利的刃口。这与是否合理地选择刀具材料及热处理质量有关。一般刮刀材料为碳素工具钢 T8,T10,T12,T12A,以及滚珠轴承钢 GCr15。经热处理后,硬度可达 60 HRC。当刮削硬度很高的工件表面时,也有用硬质合金刀片镶在刀杆上使用的。根据不同的刮削表面,刮刀可分为平面刮刀和曲面刮刀两大类。

(1)平面刮刀

平面刮刀用来刮削平面和外曲面。平面刮刀又分为普通刮刀和活头刮刀两种,如图6.29所示。

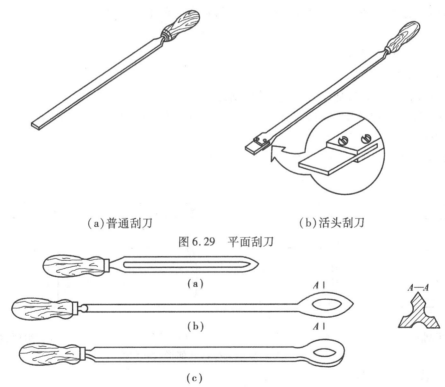

(a)普通刮刀　　　　　　　　　(b)活头刮刀

图6.29 平面刮刀

(a)

(b)

(c)

图6.30 曲面刮刀

普通刮刀按所刮表面精度不同,可分为粗刮刀、细刮刀和精刮刀 3 种。刮刀的规格见表6.3。

表6.3　刮刀的规格/mm

类型	全长 L	宽度 B	厚度 e	活动长度 l
粗刮刀	450 ~ 600	25 ~ 30	3 ~ 4	100
细刮刀	400 ~ 500	15 ~ 20	2 ~ 3	80
精刮刀	400 ~ 500	10 ~ 12	1.5 ~ 2	70

活头刮刀如图6.29(b)所示。刮刀刀头采用碳素工具钢或轴承钢制作,刀身则用中碳钢,通过焊接或机械装夹而制成。

(2)曲面刮刀

曲面刮刀用来刮削内曲面,如滑动轴承等。曲面刮刀主要有三角刮刀和蛇头刮刀两种。

①三角刮刀

三角刮刀可由三角锉刀改制或用工具钢锻制。一般三角刮刀有3个弧形刀刃和3条长的凹槽,如图6.30(a)、(b)所示。

②蛇头刮刀

蛇头刮刀由工具钢锻制(平面刮刀改制)成型。它利用两圆弧面刮削内曲面。其特点是有4个刃口。为了使平面易于磨平,在刮刀头部两个平面上各磨出一条凹槽,如图6.30(c)所示。

5)平面刮刀的刃磨和热处理

(1)平面刮刀的几何角度

刮刀的几何角度按粗刮、细刮、精刮的要求而定。

3种刮刀顶端角度如图6.31所示。粗刮刀为90°~92.5°,刀刃平直;细刮刀为95°左右,刀刃稍带圆弧;精刮刀为97.5°左右,刀刃带圆弧。刮韧性材料的刮刀,可磨成正前角,但这种刮刀只适用于粗刮。刮刀平面应平整光洁,刃口无缺陷。

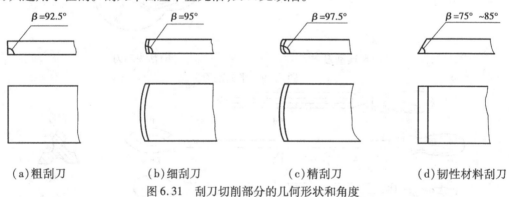

(a)粗刮刀　　　(b)细刮刀　　　(c)精刮刀　　　(d)韧性材料刮刀

图6.31　刮刀切削部分的几何形状和角度

(2)粗磨

粗磨时,分别将刮刀两平面贴在砂轮侧面上。开始时,首先应接触砂轮边缘,再慢慢平放在侧面上,不断地前后移动进行刃磨(见图6.32(a)),使两面都达到平整,在刮刀全宽上用肉眼看不出有显著的厚薄差别;然后粗磨端面,把刮刀的顶端放在砂轮缘上平稳地左右移动刃磨(见图6.32(b)),要求端面与刀身中心线垂直,以一定倾斜度与砂轮接触(见图6.32(c)),再逐步按图示箭头方向转动至水平。如直接按水平位置靠上砂轮,刮刀会颤抖不易磨削,甚至会出事故。

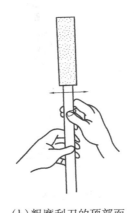
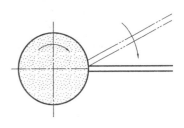

（a）粗磨刮刀的平面　　　　（b）粗磨刮刀的顶部面　　　　（c）顶端面粗磨方法

图6.32　粗磨时刮刀的应用

（3）热处理

将粗磨后的刮刀，放在炉火中缓慢加热到780～800 ℃（呈樱红色）加热长度为25 mm左右，取出后迅速放入冷水中（或10%的盐水中）冷却，浸入深度为8～10 mm。刮刀接触水面时，作缓缓平移和间断地上下移动，这样可不使淬硬部分留下明显界限。当刮刀露出水面部分呈黑色，由水中取出观察刃部颜色为白色时，迅速把整个刮刀浸入水中冷却，直到刮刀全部冷却后取出即成。热处理后，刮刀切削部分硬度应在60 HRC以上，用于粗刮、精刮及刮花刮刀。淬火时，可用油冷却，刀头不易产生裂纹，金属组织较细，容易刃磨，切削部分硬度接近60 HRC。

（4）细磨

热处理后的刮刀要在细砂轮上细磨，基本达到刮刀的形状和几何角度要求。刮刀刃磨时，必须经常蘸水冷却，避免刃口部分退火。

（5）精磨

刮刀精磨须在油石上进行。操作时，在油石上加适量机油，首先磨两平面（见图6.33（a）），直至平面平整，表面粗糙度 $Ra < 0.2$ μm，然后精磨端面（见图6.33（b））。刃磨时，左手扶住手柄，右手紧握刀身，使刮刀直立在油石上，略带前倾（前倾角度根据刮刀 β 角的不同而定）地向前推移。拉回时，刀身略微提起，以免磨损刃口。如此反复，直到切削部分形状和角度符合要求且刃口锋利为止。初学时，可将刮刀上部靠在肩上，两手握刀身，向后拉动来磨锐刃口，而向前则将刮刀提起（见图6.33（c））。此法速度虽慢，但容易掌握，在初学时采用此法练习，待熟练后再采用前述磨法。

6）刃磨时的安全知识和文明生产要求

①刮刀毛坯锻打后，应先磨去棱角及边口毛刺。

②刃磨刮刀端面时，力的作用方向应通过砂轮轴线，应站在砂轮侧面或斜侧面刃磨。

③刃磨时施加压力不能太大，刮刀应缓慢接近砂轮，避免刮刀颤抖过大造成事故，而且也易使刃口退火，造成刀具硬度降低，刮不进。

④热处理工作场地应保持整洁。淬火操作时，应小心谨慎，以免灼伤。

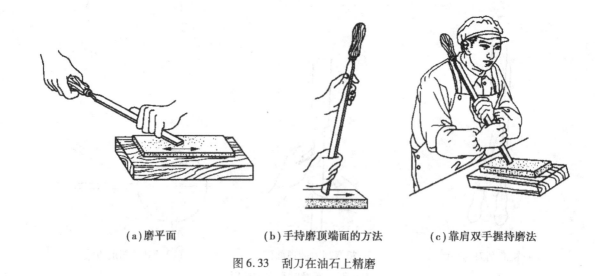

(a)磨平面   (b)手持磨顶端面的方法   (c)靠肩双手握持磨法

图6.33　刮刀在油石上精磨

7）刮削的方法

（1）手刮法

手刮的姿势如图6.34所示。右手如握锉刀姿势,左手四指向下握住近刮刀头部约50 mm处,刮刀与被刮削表面成20°～30°。同时,左脚前跨一步,上身随着往前倾斜,这样可增加左手压力,容易看清刮刀前面点的情况。刮削时,右手随着上身前倾,使刮刀向前推进,左手下压,落刀要轻,当推进到所需位置时,左手迅速提起,完成一个手刮动作,练习时以直刮为主。

手刮法动作灵活,适应性强,适用于各种工作位置,对刮刀长度要求不太严格,姿势可合理掌握,但手刮较易疲劳,故不适用于加工余量较大的场合。

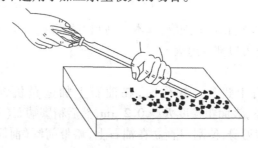

图6.34　手刮法

（2）挺刮法

挺刮的姿势是将刮刀柄放在小腹右下侧,双手并拢握在刮刀前部距刀刃约80 mm处(左手在前,右手在后)。刮削时,刮刀对准研点并下压,利用腿部和臀部力量,使刮刀向前推挤,在推动到位的瞬间,同时用双手将刮刀提起,完成一次刮点。挺刮法每刀切削量较大,适合大余量的刮削,工作效率较高,但腰部易疲劳。

（3）原始平板刮削法

①刮削原始平板采用的一般方法为渐近法,即不用标准平板,而以3块(或3块以上)平板依次循环互研互刮,来达到平板平面度要求。

②刮削的步骤按顺序进行。

③研点方法是先直研(纵向、横向)以消除纵横起伏误差,通过几次循环刮削,达到各平板显点一致,然后必须采用对角刮研,以消除平面的扭曲误差,直到直研和对角研时3平板显点一致为止。

④一般平板通常按接触精度分级,以每25 mm×25 mm内25点以上为0级,25点为1级平板,20点以上为2级平板,16点以上为3级平板。

8)涂点与显点

涂点和显点是刮削工作中判断刮削效果的基本方法之一。显点工作直接关系刮削的进程和质量。在刮削工作中,涂料不均匀和显点不当导致判断不准,易浪费工时或造成废品。因此,涂料和显点是一项十分细致的工作。

(1)涂料的配制及其使用方法

常用显示剂有红丹涂料(分褐红色铁丹和橘红色铅丹)。它是由红丹粉、N32机械油和煤油混合而成。其质量比推荐为

$$合红丹粉:N32机械油:煤油≈100:7:3$$

使用时,根据粗刮和精刮的不同要求,分别涂在工件待刮表面或基准平板工作面上。如粗刮:待刮表面是磨削的,表面很光亮,为了不反光和保持显点清晰,可在待刮表面上涂红丹粉,基准平板表面上涂蓝粉。如精刮:被刮表面则不宜涂色,只在基准平板表面上涂色,也有涂在被刮表面而不涂在基准平板表面的,根据各地区的习惯常有所不同。涂料要分布均匀,并要保持清洁,防止切屑、砂粒和其他杂物等掺入,否则推磨时会划伤被刮表面和平板基准面。

(2)显点方法及注意事项

显点应根据工件的不同形状和被刮面积的大小区别进行。

①中小型工件的显点

一般是基准平板固定不动,工件被刮面在平板上推磨。如被刮面等于或稍大于平板面,则推磨时工件超出平板的部分不得大于工件长度 L 的1/3,如图3-42所示。小于平板的工件推磨时最好不出头,否则其显点不能反映出真实的不平度。

②大型工件的显点

当工件的被刮面长于平板若干倍时(如机床导轨等),一般是以平板在工件被刮面上推磨,采用水平仪与显点相结合来判断被刮面的误差,通过水平仪可测出工件的高低不平度,而刮削则仍按照显点分轻重进行操作。

③质量不对称的工件的显点

对这类工件的显点需特别注意,如果两次显点出现矛盾时,应分析原因。类似如图6.35所示的工件,其显点可能里多外少或里少外多,如出现这种情况,不做具体分析,仍按显点刮削,那么刮出来的表面很可能中间凸出。因此,如图6.36所示,压和托用力要得当,才能反映出正确的显点。

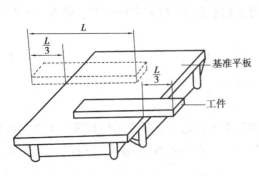

图 6.35 工件在平板上显点图　　　　图 6.36 不对称的工件显点

（3）涂料厚度、显点标准及评定方法

①涂料厚度

根据《金属切削机床　结合面涂色法检验及评定》（GB/T 25375—2010）标准所推荐,涂料的厚度不大于 5 μm。可用如图 6.37 所示的涂色厚度检查工具测量。其中,$\phi50$ 为支承部位,两端台阶 $\phi49.995$,$\phi49.992$ 分别为测量部位。测量时,根据 $\phi50$ 支承部位的长度 L 将被刮表面所涂红丹用汽油擦去,然后将量规支承沿已被擦干净的表面来回滚动,使测量部位与涂料表面接触。如果 $\phi49.992$ 的尺寸未粘上涂料,则表明涂料厚度小于 8 μm；如果 $\phi49.995$ 的尺寸未粘上涂料,则表明涂料厚度小于 5 μm。

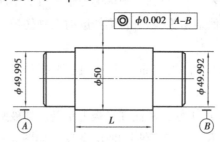

图 6.37 涂色厚度量规

②显点标准

根据《金属切削机床　通用技术条件》（GB/T 9061—2006）的规定,两个互相滑动的结合面应用涂色法检查接触情况,接触率不得小于结合表面的接触率（见表 6.4）的规定,接触点数每 25 mm × 25 mm 的面积内不得少于表 6.5 的规定。

表 6.4　结合表面的接触率

机床类别	滑（滚）动导轨		移置导轨		特别重要固定结合面	
	全长上	全宽上	全长上	全宽上	全长上	全宽上
高精度机床	80	70	70	50	70	45
精密机床	75	60	65	45	65	40
普通机床	70	50	60	40	60	35

表 6.5　结合面的接触显点 25 mm×25 mm

机床类别	滑(滚)动导轨		移置导轨		主轴滑动导轨		镶条、压板滑动面	特别重要固定结合面
	每条导轨宽度/mm				直径/mm			
	≤250	>250	≤100	>100	≤120	>120		
高精度机床	20	16	16	12	20	16	12	12
精密机床	16	12	12	10	16	12	10	8
普通机床	10	8	8	6	12	10	6	6

9)刮削用辅助工具

为了使刮削工作得以顺利进行,并保证工件达到一定的精度,除了采用合适的刮刀外,还需制备各种辅助工具,如通用平板、专用型面平板、刮削胎具、支架和检具、量具等。这些辅助工具也是保证刮削精度的必要设备。

(1)通用平板

通用平板的规格很多,精度等级按照国家标准制造。通用平板的精度等级及规格见表6.6。

表 6.6　通用平板的精度等级及规格

平板尺寸/mm×mm	平直度偏差/μm			
	0 级	1 级	2 级	3 级
100×200	±3	±6	±12	±30
200×200	±3	±6	±12	±30
200×300	±3.5	±7	±12.5	±35
300×300	±3.5	±7	±13	±35
300×400	±3.5	±7	±14	±35
400×400	±3.5	±7	±14	±40
450×600	±4	±8	±16	±40
500×800	±4	±8	±18	±45
750×1 000	+5	±10	±20	±50
1 000×1 500	±6	±12	±25	±60
接触显点/25×25	≥25	≥25	≥20	≥12

(2)型面平板

型面平板也称专用平板,是根据工艺的要求进行设计和制造的。通常用 HT300 铸铁铸成,需经过粗刨和退火,时效处理。若条件许可还要经过自然时效处理,才能保证其稳定性。型面平板可用于刮削复杂的导轨。常见的型面平板如图 6.38 所示。

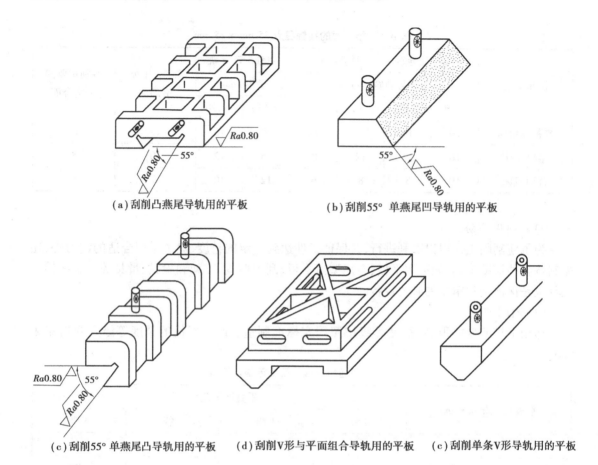

（a）刮削凸燕尾导轨用的平板　　　　　　　　（b）刮削55° 单燕尾凹导轨用的平板

（c）刮削55° 单燕尾凸导轨用的平板　　（d）刮削V形与平面组合导轨用的平板　　（c）刮削单条V形导轨用的平板

图6.38　常用的型面平板

（3）胎具和支架

工件形状较特殊，刮削时必须考虑它的平稳性，尤其是挺刮法，对工件产生的振动和位移较大，如果采用螺钉来紧固工件，则常使工件局部受压，待螺钉松开后，将导致工件因受力不均而变形，故一般都采用专门的胎具、支架，使工件在自然状态下支承牢固，既能保证人身安全，又能提高工件质量，如图6.39所示的辅具。

10）检具

工件在刮削时以及刮削前后，都要通过专用的检具和量具进行仔细地检测，从而发现偏差的大小、偏差所在位置和合理的刮削量。

检具是根据机床的几何精度和刮削要求进行设计和制造的，一般都作为专用，如图6.40所示。

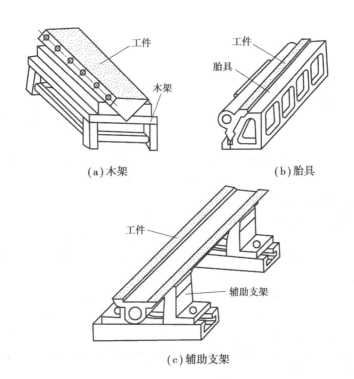

（a）木架　　　　　　　　　　　　　（b）胎具

（c）辅助支架

图6.39　刮削用的部分辅具

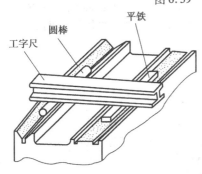

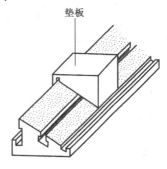

（a）检查V形导轨对平面导轨平行的圆棒、工字尺和平铁　　　　（b）检查工作台斜面在垂直面内的水平仪垫板

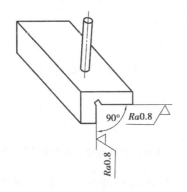

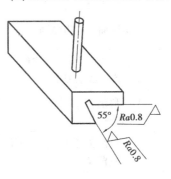

（c）检查方导轨、55°燕尾导轨对另一工作面平行用的百分表座

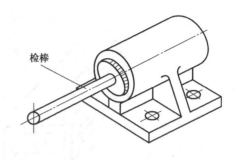

(d)检查台面对其运动面垂直的90°角尺　　　　(e)检查孔对其他面平行用的心棒

图6.40　刮削检具

11)刮削点数的计数方法及缺陷分析

用标准平板作涂色显点时,平板应放置稳定。工件表面涂色后放在平板上,均匀地施加压力,并作直线或回转运动。粗刮研点时移动距离可略长些,精刮研点时移动距离小于30 mm,以保证准确显点。当工件长度与平板长度相差不多时,研点时其错开距离不能超过工件本身长度的1/4。

刮削表面应无明显丝纹、振痕及落刀痕迹。刮削刀迹交叉,粗刮时刀迹宽度应为刮刀宽度的2/3~3/4,长度为15~30 mm,接触点为每25 mm×25 mm 面积上均匀为4~6点,细刮时刀迹宽度约为5 mm,长度约6 mm,接触点为每25 mm×25 mm 面积上为8~12点。精刮时刀迹宽度和长度均小于5 mm,接触点为每25 mm×25 mm 面积上20点以上。

(1)刮削点数的计数方法

对刮削面积较小时,用单位面积(即25 mm×25 mm)上有多少接触点来计数,计数时各点连成一体者,则作一点计,并取各单位面积中最少点计数。当刮削面积较大时,应采取平均计数,即在计算面积(规定为100 cm²)内作平均计算。

(2)刮削面缺陷的分析

刮削面缺陷的分析见表6.7。

表6.7　刮削面的缺陷形式及其产生原因

缺陷形式	特　征	产生原因
深凹痕	刀迹太深,局部显点稀少	1. 粗刮时用力不均匀,局部落刀太重 2. 多次刀痕重叠 3. 刀刃圆弧过小
梗痕	刀迹单面产生刻痕	刮削时用力不均匀,使刃口单面切削
撕痕	刮削面上呈粗糙刮痕	1. 刀刃不光洁、不锋利 2. 刀刃有缺口或裂纹
落刀或起刀痕	在刀迹的起始或终了处产生深的刀痕	落刀时,左手压力和速度较大及起刀不及时
振痕	刮削面是呈现的规则的波纹	多次同向切削,刀迹没有交叉
划道	刮削面上划有深浅不一的直线	显示剂不清洁,或研点时混有砂粒和铁屑等杂物
切削面精度不高	显点变化情况无规律	1. 研点时压力不均匀,工件外露太多而出现假点子 2. 研具不正确 3. 研点时放置不平稳

12)刮削注意事项

①刮削姿势正确,是本课题的重点,必须严格训练。

②要重视刮刀的修磨,正确刃磨刮刀,是提高刮削速度和保证精度的基本条件。

③粗刮是为了获得工件的初步的形位精度,一般刮去较多的金属,故刮削要有力,每刀的刮削量要大;而细刮和精刮是为了表面的光整和点数,故必须挑点准确,刀迹细小光整。因此,不要在平板还没有达到粗刮要求的情况下,过早地进入细刮工序,这样既影响刮削速度,也不易将平板刮好。

④在原始平板刮研中,每3块轮刮后掉换一次研点方法,并在粗刮到细刮的过程中,逐渐缩短研点移动距离,逐步减薄显示剂涂层,使显点真实、清晰。

⑤在刮削中,要勤于思考,善于分析,随时掌握工件的实际误差情况,并选择适当的部位进行刮削修整,以最少的加工量和刮削时间来达到技术要求。

6.2.2 研磨技术

研磨是一种古老而不断技术创新的精整和光整加工工艺方法。它是用研磨工具(研具)和研磨剂从工件表面磨掉一层极薄的金属,使工件表面获得精确的尺寸、形状和极小的表面粗糙度值的加工方法。其工作原理如图6.41所示。

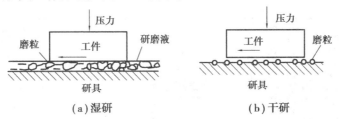

图6.41 研磨示意工作原理图

湿研将液状研磨剂涂敷或连续加注于研具表面,使磨料(W14—W5)在工件与研具之间不断地滑动与滚动,从而实现对工件的切削。一般湿研应用较多。

干研将磨料(W3.5—W0.5)均匀地压嵌在研具表层上,研磨时需在研具表面涂以少量的润滑剂。干研多用于精研。半干研所用研磨剂为糊状的研磨膏,粗研、精研均可采用。

1)研磨的特点与作用

①研磨可获得其他加工方法难以达到的尺寸精度和形状精度。通过研磨后的尺寸精度为0.005~0.001 mm。

②容易获得极小的表面粗糙度。一般情况下表面粗糙度 Ra 为0.1 ~ 1.6 μm。

③加工方法简单,不需复杂的设备,加工效率低。

④经研磨后的零件能提高表面的耐磨性、抗腐蚀能力及疲劳强度,从而延长了零件的使用寿命。

2)研磨余量

研磨是微量切削,原则上可由以下3点来考虑:

①被研工件的几何形状和尺寸精度要求。

②根据前道工序的加工质量。

③具有双面、多面和位置精度要求高的工件,其在加工中无工艺装备保证其质量,研磨余

量适当大一些。研磨余量一般在 0.005～0.030 较为合适。

3）研具

研具材料有以下 4 种：

（1）灰铸铁

灰铸铁具有硬度适中、嵌入性好、价格低、研磨效果好等特点，是一种应用广泛的研磨材料。

（2）球墨铸铁

球墨铸铁比灰铸铁的嵌入性更好，且更均匀、牢固，常用于精密工件的研磨。

（3）软钢

软钢韧性较好，不易折断，常用来制作小型工件的研具。

（4）铜

铜的性质较软，嵌入性好，常用来作研磨软钢类工件的研具。

4）常见的研磨工具

研磨工具简称研具，如图 6.42 所示。其作用是使研磨剂赖以暂时固着或获得一定的研磨运动，并将自身的几何形状按一定的方式传递到工件上。因此，制造研具的材料对磨料要有适当的嵌入性，研具自身几何形状应有长久的保持性。

图 6.42　研磨的工具

5）研磨的方法

研磨分为手工研磨和机械研磨两种。手工研磨时，要使工件表面各处都受到均匀的切削，应合理选择运动轨迹，这对提高研磨效率、工件表面质量和研具的耐用度都有直接的影响。

手工研磨的运动轨迹如图 6.43 所示。一般采用直线、摆线、螺旋线及 8 字形或仿 8 字形等。不论哪一种轨迹的研磨运动，其运动的共同特点是：工件的被加工表面和研具的表面在研磨过程中始终保持相密合的平行运动。这样既能获得比较理想的研磨效果，又能保持研究具的均匀磨损，提高研具的使用寿命，增加耐用度。狭长平面的研磨如图 6.44 所示。

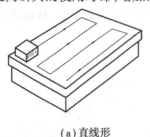

（a）直线形

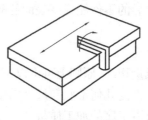

（b）直线摆动形

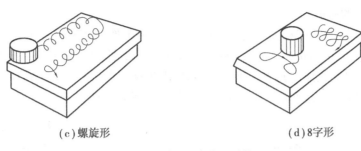

（c）螺旋形　　　　　　　　　　　　（d）8字形

图 6.43　手工研磨的运动轨迹

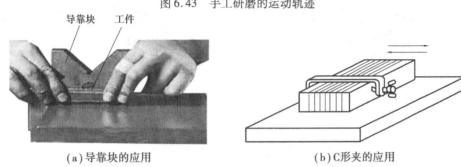

（a）导靠块的应用　　　　　　　　　（b）C形夹的应用

图 6.44　狭窄平面的研磨

6）圆柱面的研磨

圆柱面的研磨一般都采用手工和机床互相配合的方式进行研磨。

（1）外圆柱面的研磨

研磨外圆柱面一般是在车床或钻床上用研磨环对工件进行研磨。研磨环的内径应比工件的外径大 025~0.05 mm,研磨环的长度一般为其孔径的 1~2 倍,如图 6.45 所示。

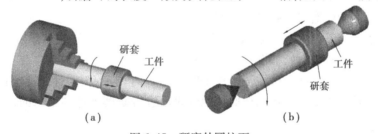

（a）　　　　　　　　　　　　　　（b）

图 6.45　研磨外圆柱面

一般工件的转速在直径小于 80 mm 时,为 100 r/min;直径大于 100 mm 时,为 50 r/min。研磨环的往复移动速度,可根据工件在研磨时出现的网纹来控制,如图 6.46 所示。

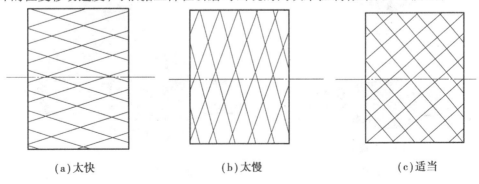

（a）太快　　　　　　　　（b）太慢　　　　　　　　（c）适当

图 6.46　研磨环的移动速度

（2）内圆柱面的研磨

内圆柱面的研磨与外圆柱面的研磨正好相反，是将工件套在研磨棒上进行。研磨棒的外径应该比工件的内径小0.01～0.025 mm，一般情况下研磨棒的长度是工件长度的1.5～2倍。研磨时，将研磨棒夹在机床卡盘夹上夹紧并转动，把工件套在研磨棒上进行研磨。机体上大尺寸的孔，应尽量置于垂直地面的方向进行手工研磨（竖研），如图6.47所示。

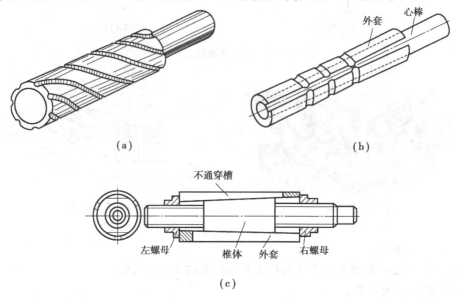

（a）   （b）

（c）

图6.47   研磨（竖研）

（3）圆锥面的研磨

工件圆锥表面的研磨，包括圆锥孔和外圆锥面的研磨。研磨时，必须要用与工件锥度相同的研磨棒或研磨环。其结构有固定式和可调节式两种。固定式圆锥研磨棒的表面开有螺旋槽，其旋向有左旋和右旋两种，如图6.48和图6.49所示。

研磨时，使研具和工件的锥面接触，用手顺一个方向转3～4次后，使锥面分离，再推入研磨即可。有些工件的表面是直接用彼此接触的表面进行研磨来达到密封的，不需要用研磨棒或研磨环。

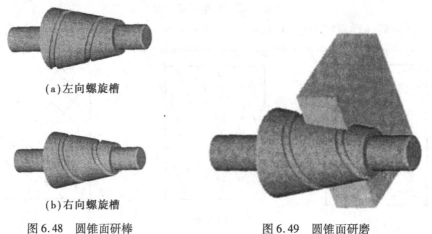

（a）左向螺旋槽

（b）右向螺旋槽

图6.48   圆锥面研棒   图6.49   圆锥面研磨

(4)研磨注意事项

研磨过程中,研磨的压力和速度对研磨效率及质量有很大影响。压力大、速度快,则研磨效率高。但压力、速度太大,工件表面粗糙,工件容易发热而变形,甚至会发生因磨料压碎而使表面划伤。一般对较小的硬工件或粗研磨时,可用较大的压力、较低的速度进行研磨;而对大而较软的工件或精研时,则应用较小的压力、较快的速度进行研磨。

在研磨中,必须重视清洁工作,才能研磨出高质量的工件表面。若忽视了清洁工作,轻则工件表面拉毛,重则会拉出深痕而造成废品。另外,研磨后应及时将工件清洗干净,并采取防锈措施。

【任务实施】

1)装配工作准备

①场地:实训车间。

②原始平板、基准平板。

③工具:刮刀、装配工具及量具等,每组一套。

2)实施步骤

每4人刮一组原始平板,即包括每两人合用一块基准平板在内共3块。

①将3块平板编号,四周用锉刀倒角去毛刺。

②原始平板按研刮步骤进行第一循环刮削,要求刀迹交叉,无落刀和起刀痕,振痕表面研点分布均匀。

③进行第二循环刮削,直到直研、横研和对角研3板显点一致,分布均匀。

④在确认平板平整后,即进行精刮工序,直至用各种研点方法得到相同的清晰点,并且在任意 25 mm×25 mm 面积内点数达到 20 点,表面粗糙度 $Ra \leqslant 0.8$ μm 时即可。

【考核评价】

项次	评分项目	评分标准	分值	检测结果
1	准备工作	物件准备齐全、摆放整齐	5	
2	刮削动作	姿势(站立、两手)正确	10	
3	粗刮	点子清晰、均匀,每25 mm×25 mm点数允差6点	30	
4	精刮	接触点每25 mm×25 mm18点以上	30	
5	表面质量	无明显落刀痕,无丝纹和振痕(3块)	15	
6	收尾工作	机床复位、物料摆放整齐、工位整洁、数据表提交	10	

任务 6.3　水平仪的检测与应用

【任务引入】

完成 CK6140 型数控车床中导轨的直线度误差的检测。

【任务分析】

了解水平仪的结构与工作原理,分析其在不同条件下的应用,并能完成导轨垂直面和水平面的直线度误差的检测。

【相关知识】

水平仪是机修工作中最基本的测量仪器之一。它常用来测量导轨在垂直面内的直线度,工作台台面的平面度,以及零件间的平行度、垂直度等。常用的水平仪有条式水平仪、框式水平仪和光学合像水平仪等(见图 6.50)。

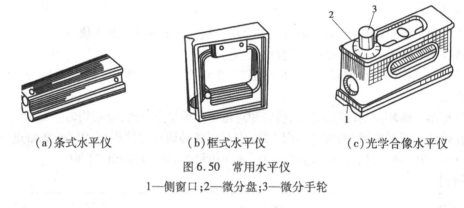

（a）条式水平仪　　　（b）框式水平仪　　　（c）光学合像水平仪

图 6.50　常用水平仪

1—侧窗口;2—微分盘;3—微分手轮

6.3.1　水平仪的结构与工作原理

水平仪是测量与自然水平面所形成倾斜角度的测角量仪。它的主要工作部分是水准器。水准内壁磨成所需要的曲率并带有刻度的玻璃管,在管内装入酒精或乙醚,使管内留下不大的气泡。如图 6.51 所示为水平仪工作原理。若被测面为一自然水平面时,气泡的位置为 A,连接 A 点与玻璃管曲率中心 O,AO 必垂直于水平面。当被测面与水平面倾斜成 α 角时,由于地心引力作用,气泡将由 A 点移至 B 点,则 BO 一定垂直于水平面。倾角 α 越大,图中 AB 弧长也越大。以刻线标示 AB 弧长,根据它们的几何关系,即可精确计算出每偏移一格倾角的大小。

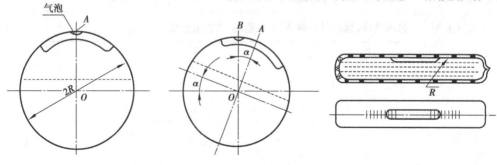

图 6.51　水平仪工作原理

6.3.2　水平仪的使用和读数

水平仪是用于检查各种机床及其他机械设备导轨的不直度、机件相对位置的平行度以及设备安装的水平位置和垂直位置的仪器。水平仪是机床制造、安装和修理中最基本的一种检验工具。一般框式水平仪的外形尺寸为 200 mm × 200 mm，精度为 0.02/1 000。水平仪的刻度值是气泡运动一格时的倾斜度，以"s"为单位或以"mm/m"为单位，刻度值也称读数精度或灵敏度。若将水平仪安置在 1 m 长的平尺表面上，在右端垫 0.02 mm 的高度，平尺倾斜的角度为 4″，此时气泡的运动距离正好为一个刻度，如图 6.52 所示。

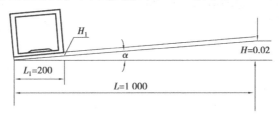

图 6.52　水平仪读数原理

水平仪连同平尺的倾斜角 α 的大小可计算为

$$\tan \alpha = \frac{H}{L} = \frac{0.02}{1\ 000} = 0.000\ 02$$

则 $\alpha = 4″$。

可知，0.02/1 000 精度的框式水平仪的气泡每运动一个刻度，其倾斜角度等于 4″。这时，在离左端 200 mm 处（相当于水平仪的 1 个边长），平尺下面的高度 H_1 可计算为

$$\tan \alpha = \frac{H}{L} = 0.000\ 02$$

则

$$H_1 = \tan \alpha \times L_1 = 0.000\ 02 \times 200\ \text{mm} = 0.004\ \text{mm}$$

可知，水平仪气泡的实际变化值与所使用水平仪垫铁的长度有关。假如水平仪放在 500 mm 长的垫铁上测量机床导轨，那么水平仪的气泡每运动 1 格，则说明垫铁两端高度差是 0.01 mm。另外，水平仪的实际变化值还与读数精度有关。因此，使用水平仪时，一定要注意垫铁的长度、读数精度以及单独使用时气泡运动一格所表示的真实数值。

由此可知，水平仪气泡运动一格后的数值是由垫铁的长度来决定的。

水平仪的读数应按照它的起点任意一格为 0，气泡运动一格计数为 1，再运动一格计数为 2，以此进行累计。在实际生产中，对导轨的最后加工，无论采用磨削、精磨还是手工刮研，多数导轨都是呈单纯凸或单纯凹的状态，机床导轨的直线度产生曲线性也是少见的（加工前的导轨会有曲线性的现象）。测量导轨时，水平仪的气泡一般按照一个方向运动，机床导轨的凸凹是由水平仪的移动方向和该气泡的运动方向来确定，如图 6.53 和图 6.54 所示。

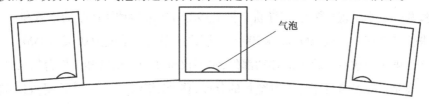

图 6.53　机床导轨呈凸的状态

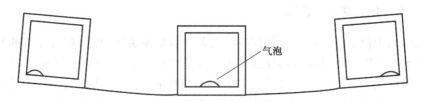

图6.54　机床导轨呈凹的状态

水平仪的移动方向与气泡的运动方向相反,呈凸,用符号"＋"表示。

水平仪的移动方向与气泡的运动方向相同,呈凹,用符号"－"表示。

如果导轨是凸的情况下,水平仪(垫铁)从任意一个方向进行移动,水平仪的气泡向相反方向运动,如图6.53所示。

如果导轨是凹的情况下,水平仪(垫铁)从任意一个方向进行移动,水平仪的气泡向相同方向运动,如图6.54所示。

确定导轨的凹凸后,再根据所使用的垫铁长度和水平仪气泡运动格数和的1/2进行计算,才能得到导轨准确的直线度误差精度。

6.3.3　使用水平仪测量导轨垂直面内的直线度误差

水平仪是测量机床导轨直线度的常用的仪器。它是用来检查导轨在垂直平面内的直线度和在水平面内的直线度。用水平仪来进行调整导轨的直线度之前,应首先调整整体导轨的水平。将水平仪置于导轨的中间和两端位置上,调整到导轨的水平状态,使水平仪的气泡在各个部位都能保持在刻度范围内。再将导轨分成相等的若干整段来进行测量,并使头尾平稳衔接,逐段检查并读数,确定水平仪气泡的运动方向和水平仪实际刻度及格数。然后进行记录,填写"＋""－"符号,按公式进行计算机床导轨直线度精度误差值。

导轨直线度误差(曲线图),按此检查导轨直线度误差,是不能得到正确的精度数值的。例如,机床导轨平滑的凸或凹,在导轨的直线度误差(曲线图)中,都表示为一条直线。如果机床导轨前半段凸,后半段凹,在导轨直线度误差(曲线图)中,却表示该导轨呈凸。如果机床导轨前半段凹,后半段凸,在导轨直线度误差(曲线图)中,却表示该导轨呈凹。水平仪气泡沿一个方向运动,误认为一条斜线(于水平面),这些现象在实际工作的测量检查中,经常发生争论,得不到统一,又没有具体的标准规定,只能按照书中的例题说明,错误地进行判断,给正常的生产工作带来了困难,造成了损失,使机床导轨的精度得不到保证。

导轨直线度误差值的计算方法较方便,误差精度准确,适合于现场工作人员的操作和应用。其计算公式为

$$导轨直线度误差值 = 格数和 \times \frac{1}{2} \times 水平仪精度 \times 垫铁长度$$

式中　格数和——水平仪(垫铁)在导轨全长上移动时气泡运动所产生的格数和;

水平仪精度——一般200 mm×200 mm框式水平仪的精度为0.02/1 000;

垫铁长度——放在导轨上的移动部件,水平仪所使用的垫铁和工作台的长度。

移动距离是指在测量机床导轨时全长的分段,移动距离不等于垫铁长度,它不能用来作为计算中的数据,在车间测量机床导轨时,应采用垫铁的长度,在全长导轨上进行分段移动,调整

机床导轨时用垫铁(小于工作台的长度)来进行,检查机床导轨的直线度误差值,水平仪一般放在工作台上进行测量。证明水平仪气泡的实际变化,是根据导轨上移动的部件长度来决定的。因此,检查机床导轨的直线度误差值,按照导轨的移动部件长度来计算,测量机床导轨时移动距离短,误差精度准确,形状清楚。在使用水平仪测量机床导轨时,应注意以下方面:部件的移动方向、水平仪气泡的运动方向、气泡变化的最大格数和在导轨上移动的部件(垫铁)长度。

调整导轨直线度误差值时,应使用较短的垫铁,测量的数值较准确。使用的垫铁长度不同,测得的数值和形状也不一样。上述公式用来计算机床导轨工作长度的直线度误差值,就是指机床导轨全部长度减去垫铁长度(工作台长度)后那段导轨的直线度误差。检查机床导轨直线度误差值时,应注意技术标准中的导轨工作长度和导轨全部长度。如测量机床导轨全部长度的直线度误差值,则可计算为

$$导轨全长直线度误差值 = \frac{格数和 \times 水平仪精度 \times 垫铁长度 \times 导轨全长}{(导轨全长 - 垫铁长度) \times 2}$$

该式是在上述公式的基础上,加上了垫铁(工作台)下面的那段导轨的直线度误差值。在机械制造行业和实际生产现场一般不采用这种计算方法。

6.3.4 角度作图法

角度作图法是根据水平仪气泡变化的规律来进行角度值的画法。纵坐标表示水平仪气泡的运动方向。水平仪的移动方向与该气泡的运动方向相反,表示导轨呈凸,纵坐标箭头向上;水平仪的移动方向与该气泡的运动方向相同,表示导轨呈凹,纵坐标箭头向下。横坐标表示水平仪的移动方向和导轨的长度,每段代表移动距离。如图6.55所示,水平仪气泡每运动1格,其倾斜角等于4″。为了直观清楚,以导轨的另一头为中心,导轨长度为半径,画出弧线,在弧线上分成相等的段数,连接中心O点,每段的度数表示4″和水平仪气泡的1格。根据导轨的凹凸,确定角度的方向,然后画出每次水平仪移动后测量到的格数,连接每个测量点,得出导轨的形状。如图6.55所示,横坐标与导轨弧线之间最大的距离就是该导轨的直线度误差。因每段测量时水平仪的移动距离和该气泡的运动格数有误差,最后计算时,采用水平仪气泡运动的格数和,在机床导轨的形状凹凸不平的情况下,则采用角度作图法中的实际最大格数。如果水平仪从另一个方向进行移动,就将图6.55转180°,该导轨的形状在图中没有变化。在实际工作过程中,可简单地作图,将角度分成相等的等份,表示水平仪的格数,角度作图法能使工作人员直观准确地看到机床导轨的形状,以便技术精度的保留和存档。

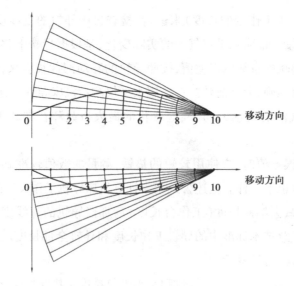

图 6.55　角度作图法

【思考题】

1.水平仪是测量什么的测角量仪?

2.水平仪测量导轨垂直面内的直线度时,一般用哪几种方法进行数据处理?

3.使用百分表测量时,应注意哪些事项?

【任务实施】

1)工作准备

①普通车床。

②千分表、百分表、磁力表座、条式水平仪、框式水平仪、钢卷尺各1件,每组一套。

③笔、网格纸若干。

2)操作步骤

(1)检测溜板移动在垂直面内的直线度

①移动中拖动,将刀架向顶尖中心线移动。在溜板上靠近刀架的地方放一个和床身导轨平行的水平仪,移动溜板,每隔200 mm 记录一次水平仪的读数。在溜板的全部行程上至少记录3个读数。

②数据处理。用作图法和计算法求出全程直线度误差和1 m内的最大误差。计算得实测误差后,对照精度指标判断精度是否符合要求。

(2)检测溜板移动的倾斜度

①操作检验溜板移动在垂直面内的直线合格后,将水平仪原位转动90°和导轨垂直。移动溜板,每隔200 mm 记录一次水平仪的读数。在溜板的全部行程上,至少记录3个读数。

②数据处理。水平仪在每米行程上和全部行程上读数的最大代数差即本项检测的实测误差。计算得实测误差后,对照精度指标判断精度是否符合要求。

(3)检测溜板移动在水平面内的直线度

①在前后顶尖间,顶紧一根长检验棒,将千分表固定在溜板上,使千分表触头顶在长检棒的测母线上,调整尾座,使千分表在长检验棒两端的读数相等;然后转动千分表表圈,调整表盘的"0"刻线与长指针对齐。移动溜板,在溜板的全部行程上检验。记下每一次测量的读数。

②数据处理。可画出溜板的运动曲线,求出千分表在每米行程上的读数的最大差值和全部行程上的最大差值,即每米直线度误差和全程最大误差。

【考核评价】

项次	评分项目	评分标准	分值	检测结果
1	准备工作	物件准备齐全,摆放整齐	15	
2	检测1	正确使用水平仪,读数准确,操作规范,记录清晰,数据处理正确	30	
3	检测2	正确使用水平仪,读数准确,操作规范,记录清晰,数据处理正确	20	
4	检测3	正确使用水平仪,读数准确,操作规范,记录清晰,数据处理正确	20	
5	收尾工作	机床复位,物料摆放整齐,工位整洁,数据表提交	15	

项目 7

机床进给系统部件的装配与调试

【教学目标】

能力目标：能够正确区分数控机床。

能够正确描述和区分数控机床的主要部件。

能够正确对机床主轴进行静态和动态精度检测。

知识目标：掌握复杂零部件常用的拆装工具及其使用方法。

掌握主轴箱主要零件的检测与修复方法。

素质目标：培养团队协作能力，交流沟通能力。

积极做好 5S 活动，养成良好职业习惯。

树立质量品质意识，培养良好的职业规范。

【项目导读】

每台机床都有 2~3 个运动坐标轴，而机床工作部件是利用控制轴在指定的导轨上运动的。运动部件都是依靠导轨来实现正确的和运动导向的。由于纵向、横向进给驱动电机和滚珠丝杠之间均采用了同步皮带联接，电机与丝杠之间只需要控制箱体、电机安装板的轴孔、结合面加工精度，便可保证滚珠丝杠和电机轴的平行度要求。

【任务描述】

学生以企业制造部门装配工艺员的身份进入机械装配工艺模块，根据机床进给部件的装配工艺特点制订合理的装配工艺路线。首先了解机床进给部件的组成、制订装配工艺规程的原则和步骤；然后对进给部件的装配工艺进行分析，确定其对应的装配方法；最后确定装配过程中各装配过程的安排、检测量具的选用及其装配精度的确定等内容。通过对机床进给部件装配工艺规程的制订，分析解决进给部件装配过程中存在的问题和不足，并对编制工艺过程中存在的问题进行研讨和交流。

【工作任务】

按照进给部件的装配精度要求，了解机床进给系统的结构和各零件装配工艺的基本内容；检测车床导轨的几何精度和要求，选用合理的装配与检测工具，确定进给系统部件的装配工艺路线，完成进给系统的装配。

任务 7.1　　滚珠丝杠的装配与调试

【任务引入】

完成 CK6140 型数控车床中进给系统中滚珠丝杠的装配与调整,如图 7.1 所示。

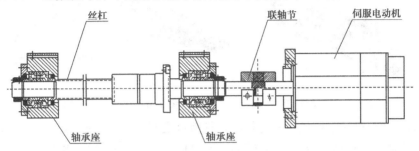

图 7.1　进给系统部件

【任务分析】

数控机床要求进给系统中的传动装置和元件具有高的寿命、高的刚度、无传动间隙、高的灵敏度及低的摩擦阻力等特点。为了提高进给进给运动的位移精度,减少传动误差,首先要保证在进给传动系统中采用间隙消除机构。滚珠丝杠螺母副是与直线运动相互转换的理想传动装置。

CK6140 数控车床的进给传动系统由滚珠丝杠、轴承座和轴承等组成。在装配过程中,要注意两个轴承座、螺母座三座中心要同心。

【相关知识】

滚珠丝杠作为数控机床进给传动链中的重要组成部分,在整个传动链中起着将旋转运动转化为直线运动的重要作用。作为数控机床的进给驱动(不同于主轴传动),一般情况是伺服电机通过联轴器将动力直接传递给滚珠丝杠,丝杠旋转带动丝杠螺母横向移动,也有的进给机构是将动力传递给丝杠螺母,丝杠螺母旋转推动丝杠前后移动,完成将旋转运动转化为直线运动这一过程。滚珠丝杠结构如图 7.2 所示。

图 7.2　滚珠丝杠

7.1.1　滚珠丝杠的特点

数控机床为什么不像普通机床那样使用梯形丝杠呢？通过对两种丝杠的比较，自然会得出结论。

图7.3　滚珠丝杠结构　　　　　　　图7.4　梯形丝杠结构

由图7.3可知，滚珠丝杠副——丝杠与丝杠螺母之间是滚动摩擦，靠一连续的滚珠在滚道中产生相对运动，摩擦系数非常小，可达到$\mu = 0.003$。在实际应用中，由于滚珠丝杠是滚动摩擦，因此动态响应快，易于控制，精度高。

由图7.4可知，梯形丝杠是依靠丝母与丝杠之间的油膜产生相对滑动工作的。从机械原理上讲，滑动摩擦的两物体之间必然会有间隙，包括渐开线齿轮、齿轮齿条等。因此，梯形丝杠传递力矩时，摩擦力比滚珠丝杠大，间隙比滚珠丝杠大。

从两种不同丝杠的结构特点，不难看出滚珠丝杠的优势和特点：滚珠丝杠螺母副是一种低摩擦、高精度、高效率的机构。它的机构效率（$\eta = 0.92 \sim 0.96$）比梯形丝杠（$\eta = 0.20 \sim 0.40$）高3～4倍。滚珠丝杠螺母副的动（静）摩擦系数基本相等，配以滚动导轨，启动力矩很小，运动非常灵敏，低速时不会出现爬行。

另外，滚珠丝杠生产过程中，在滚道和珠子之间施加预紧力，可消除间隙，故滚珠丝杠可达到无间隙配合。基于这些特点，数控机床广泛采用滚珠丝杠，并配合伺服电机达到高的动态响应和高定位精度。

7.1.2　滚珠丝杠的结构与预紧

1）滚珠丝杠的内部结构

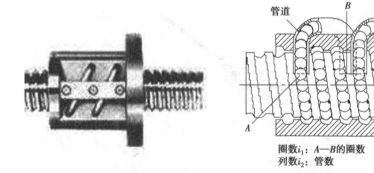

圈数i_1：A—B的圈数
列数i_2：管数

图7.5　滚珠丝杠的内部结构

滚珠丝杠的内部结构如图7.5所示。滚珠丝杠根据循环形式，可分为内循环式和外循环式，如图7.6和图7.7所示。

图 7.6　内循环式滚珠丝杠　　　　　　　图 7.7　外循环式滚珠丝杠

内循环式滚珠丝杠结构尺寸小,但因循环器受尺寸所限,滚珠循环及散热条件差,制约了丝杠高速旋转。外循环式滚珠丝杠循环器有局部在丝母外,散热好,但安装尺寸较大。

2)常用的双螺母丝杠间隙的调整方法

滚珠丝杠根据螺母预紧形式,可分为单螺母和双螺母。

单螺母丝杠副的预紧力是在出厂时完成的,基本上是"一次性的",如图 7.8 所示。也就是说,进入使用阶段后很难再调整了。

图 7.8　单螺母内部预紧

而双螺母丝杠副的预紧力虽然在出厂时已调好,但进入使用环节后,特别是使用一段时间需要调整丝杠副间隙时,可通过增减调整垫的厚度,进行再一次预紧,如图 7.9 所示。

图 7.9　双螺母结构滚珠丝杠

作为高精度进给驱动机构,为了保证反向传动精度和轴向刚度,必须消除轴向间隙。其双螺母滚珠丝杠副消除间隙的方法是:利用两个螺母的相对轴向位移,使两个滚珠螺母中的滚珠分别贴紧在螺旋滚道的两个相反的侧面上,如图 7.10 所示。

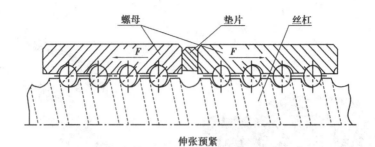

图 7.10 双螺母结构调整预紧力

其他常见的双螺母调整结构有以下 3 种形式:

(1)垫片调隙式结构

如图 7.11(a)所示,该结构的原理是通过增加垫片厚度,使两个螺母在相对的方向上产生轴向力,克服间隙,增加预紧力。

(2)螺母调隙式结构

如图 7.11(b)所示,该结构的原理同上,只是调整的手段不是垫片,而是两个锁紧螺母。

(3)齿差调隙式结构

如图 7.11(c)所示,该结构的原理是通过在两个螺母的凸缘上各制有圆柱外齿轮,分别与固紧在套筒两端的内齿圈相啮合,其齿数分别为 z_1, z_2,并相差一个齿。调整时,首先取下内齿圈,让两个螺母相对于套筒同方向都转动一个齿,再插入内齿圈,则两个螺母便产生相对角位移。其轴向位移量为

$$\Delta = \frac{nt}{z_1 z_2}$$

式中　n——两螺母在同一方向转过的齿数;

　　　z_1, z_2——齿轮的齿数;

　　　t——滚珠丝杠的导程。

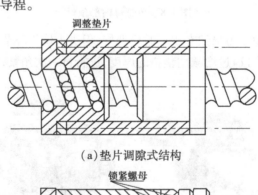

(a)垫片调隙式结构

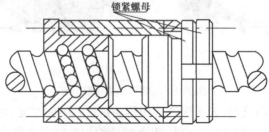

(b)螺母调隙式结构

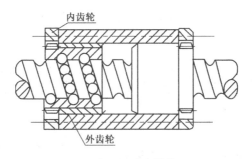

（c）齿差调隙式结构

图 7.11　双螺母调整结构

7.1.3　丝杠螺母的受力情况分析

前面大致了解了滚珠丝杠的工作原理,那么它是怎样具体应用在机床上呢? 在这一节将讨论丝杠螺母在受到工作台的轴向力后为什么纹丝不动。

首先了解一个典型的进给轴传动链,如图 7.12 所示。

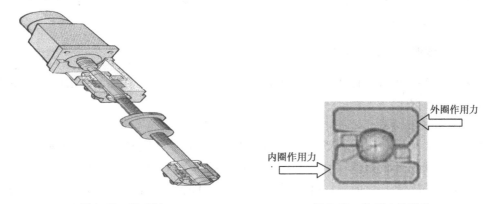

图 7.12　传动链　　　　　　　图 7.13　作用力的影响

由图 7.12 不难发现,最终支承滚珠丝杠的是近端支承轴承和远端支承轴承,仔细观察这两组轴承是具有"方向性"的,这两组轴承通过相互的作用,将轴向力"顶住",如图示的轴承受力延长线。

所谓的"顶住",是丝杠轴承巧妙地运用了"角接触轴承(又称向心推力轴承)"既可承受径向力又可承受轴向力的双向受力特点。

如图 7.13 所示,当轴承内挡圈和外挡圈受到一组相反方向的作用力时,轴承钢珠承受着一对互为相反的作用力。从静力学的角度上看,当物体静止时,这一对作用力大小相等、方向相反。

机床丝杠传动来自工作台的轴向力是作用在轴承的内圈上,如果约束丝杠不窜动,只要在轴承外圈上作用一个方向相反、大小相等的力即可。这样,轴向受力是平衡的。又由于内外圈之间是滚动摩擦,因此保证了丝杠灵活的转动。

对数控机床丝杠传动,需要根据不同的情况控制轴承的游隙(钢珠与内外环之间的间隙)。对低速大扭矩的传动,需要这一游隙是过盈的,即要使钢珠在滚道内受挤压变形,从配合的角度讲,间隙是负值。而对高速小一点的负载,则需要游隙大一点,预留出高速运行后钢珠和内外圈的热膨胀系数。

为了实现这一目的,往往采用"过定位"的方式,即在轴承的内外圈4个点均加上受力点,如图7.14所示。

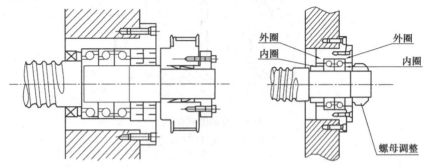

图7.14 轴承受力

这样,滚珠丝杠就被牢牢地约束住。轴承游隙调整得过紧,机床驱动负载加大,轴承很快损坏;轴承游隙调整得过松,间隙过大,丝杠在轴向窜动较大,导致机床的定位精度和重复定位精度差。

如何将游隙调整到一个精确合理的尺度,是一项比较精细的实践活动,需要既有理论知识又有丰富的实践经验。

7.1.4 滚珠丝杠的安装形式

丝杠的近端和远端均有轴承支承,数控机床进给轴常见的丝杠支承有滚珠丝杠副的安装方式。最常用的有以下3种:

1)固定—自由方式

如图7.15所示,丝杠一端固定,另一端自由。固定端轴承同时承受轴向力和径向力,这种支承方式用于行程小的短丝杠或用于全闭环的机床,因为这种结构的机械定位精度是最不可靠的,特别是对长/径比大的丝杠(滚珠丝杠相对细长),热变性是很明显的,1.5 m长的丝杠在冷、热的不同环境下变化0.05~0.10 mm是很正常的。因它的结构简单,安装调试方便,许多高精度机床仍然采用这种结构。但是,必须加装光栅,采用全闭环反馈,如德国马豪的机床大都采用此结构。

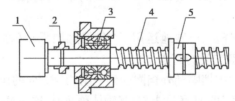

图7.15 滚珠丝杠安装

1—电动机;2—弹性联轴器;3—轴承;4—滚珠丝杠;5—滚珠丝杠螺母

2)固定—支承方式

如图7.16所示,丝杠一端固定,另一端支承。固定端同时承受轴向力和径向力;支承端只承受径向力,而且能作微量的轴向浮动,可减少或避免因丝杠自重而出现的弯曲,同时丝杠热变形可自由地向一端伸长。这种结构使用最广泛,目前国内中小型数控车床、立式加工中心等均采用这种结构。

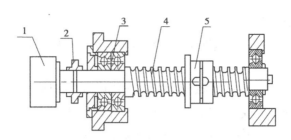

图 7.16　滚珠丝杠安装

1—电动机;2—弹性联轴器;3—轴承;4—滚珠丝杠;5—滚珠丝杠螺母

3)固定—固定方式

如图 7.17 所示,丝杠两端均固定。固定端轴承都可同时承受轴向力。这种支承方式可对丝杠施加适当的预紧力,提高丝杠支承刚度,可部分补偿丝杠的热变形。对大型机床、重型机床以及高精度机床常采用此种方案。

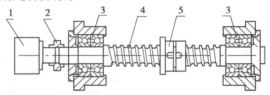

图 7.17　滚珠丝杠安装

1—电动机;2—弹性联轴器;3—轴承;4—滚珠丝杠;5—滚珠丝杠螺母

但是,这种丝杠的调整较烦琐,如果两端的预紧力过大,会导致丝杠最终的行程比设计行程要长,螺距也要比设计螺距大。如果两端锁母的预紧力不够,会导致相反的结果,并容易引起机床振荡,精度降低。因此,这类丝杠在拆装时,一定要按照原厂商说明书进行调整。

7.1.5　双螺母滚珠丝杠副的间隙消除

双螺母丝杠的工作原理已在前面进行了叙述,下面简述丝杠间隙调整步骤。

1)判断丝杠间隙

如果丝杠无间隙,有一定的预紧力时,转动丝母时会感觉到有一定的阻力,似乎有些“阻尼”,并且全行程均如此,说明丝杠没有间隙,不需要调整。

相反,如果丝杠和丝母之间是很松垮的配合,则说明丝杠螺母之间存在间隙了,就需要进行调整了,如图 7.18 所示。

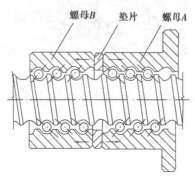

图 7.18　丝杠螺母的间隙

2）丝母的安装步骤

①将丝母上键式定位销固定螺钉松开,取下定位销。注意丝母上相隔180°有两个键式定位销,均需要拆卸下来。

②将已分离的前后螺母反方向旋转,将其完全松开,取下两个半月板,如图7.19所示。

③根据丝杠副之间的空载力矩情况(手感),将塞尺与半月板同时插入两丝杠螺母之间,并将丝杠螺母锁紧到位。锁紧到位的标志是键销定位槽对齐,这时再转动丝杠螺母,直至手感有些阻力,同时键销定位槽又能够对齐,说明厚度测好,如图7.20所示。

④将两螺母松开,取出半月板。测量半月板和所插入塞尺的总厚度,画图重新制作半月板,并试装。

⑤如果厚度适宜,丝杠和丝杠螺母配合良好,安装丝杠螺母上的两个键销,拧紧键销固定螺钉。

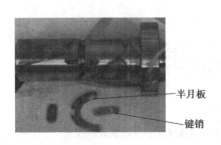

图7.19　螺母反转　　　　　　　　　图7.20　键销定位槽对齐

7.1.6　滚珠丝杠螺母副密封与润滑的日常检查

滚珠丝杠螺母副的密封与润滑的日常检查是在操作使用中要注意的问题。对丝杠螺母的密封,要注意检查密封圈和防护套,以防止灰尘和杂质进入滚珠丝杠螺母副。

对丝杠螺母的润滑,如果采用油脂润滑,则应按照机床厂说明书定期注入润滑脂。不同型号的丝杠,使用不同的润滑脂,注油周期不同,如图7.21所示。

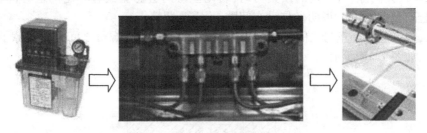

图7.21　导轨与丝杠稀油润滑

如果使用稀油润滑时,则要定期检查注油孔是否畅通,一般是在检修时观察丝杠上面的油膜即可。这里需要注意的是,当采用稀油润滑时,一般导轨和丝杠采用的是同一个集中润滑系统(见图7.22),油路从集中润滑泵定量输出,并通过分配器输送到各轴的导轨及丝杠润滑点。

图 7.22　集中润滑泵在数控车床的安装位置

7.1.7　CK6140 数控车床滚珠丝杠的装配与检测

1)滚珠丝杠装配的技术要求

滚珠丝杠副螺母在安装时,首先应满足以下要求:

①滚珠丝杠副螺母相对于运动部件不能有轴向窜动。

②螺母座孔中心应与丝杠安装轴线同心。

③滚珠丝杠副中心线应在两个方向上平行于相应的导轨。

④能方便地进行间隙调整、预紧和预拉伸。

本例选用精密级滚珠丝杠。其安装技术要求如下:

①基准面水平校平不大于 0.02 mm/1 000 mm。

②滚珠丝杠水平面和垂直面母线与导轨平行度不大于 0.015 mm。

③滚珠丝杠螺母端面跳动不大于 0.02 mm。

2)滚珠丝杠装配的实施

滚珠丝杠副结构中的两端轴承座需与螺母座调整到三孔同心。由于滚珠丝杠更主要的是传递扭矩,使转动变换为位置运动。因此,螺母座孔与螺母外圆是空套的,有 1~2 mm 的间隙,对同心度要求不高。但要求螺母座端面与两端轴承座中心线垂直度误差不大于 0.01 mm。

3)安装滚珠丝杠的操作步骤

①检查待装的机床部件,滚珠丝杠副有联轴器、电动机、电动机座、轴承座、螺母座、补正垫等。

②使用油石将安装基准面的毛刺及微小变形处修平,并清洗基准面。清洗滚珠丝杠副上面的防锈油,但不得使清洗油流入螺母内部;清洗其他零件的所有安装面,使其上无油污、脏物和铁屑存在。用螺栓试配确认螺孔相互位置准确。

③用水平仪(0.02 mm/200 mm)分别放置在两个方向上校平电动机座、轴承座基准面,水平误差不大于 0.02 mm/1 000 mm。不平时,调整机床垫铁或千斤顶。

133

④安装滚珠丝杠副：

a. 调整滚珠丝杠在垂直平面内同直线导轨副的平行度。

b. 调整滚珠丝杠在水平平面内同直线导轨副的平行度。

通过两个方向的调整最终确定丝杠的位置。为了正确安装丝杠，两个导轨的精度事先应调整好，如图 7.23 所示。

图 7.23　丝杠精度检测

c. 检测螺母的安装肩面端面跳动。若其值不大于 0.02 mm，则处于合格状态。

d. 固定轴承座电动机座。

e. 开始安装滚珠丝杠。

f. 对丝杠进行预拉伸。

g. 在将轴承和丝杠安装完成后，对丝杠的精度再做一次检验。

h. 将联轴器和电动机联接上，松开联轴器的端头锁紧套，穿入两轴。调整合适后，扭紧锁紧螺栓，使胀紧套压紧在两轴上。

【任务实施】

1）装配工作准备

（1）工作场地、机械部件及工具

①场地

实训车间。

②机械部件

CA6140 型普通进给部件。

③工具

装配工具及量具等，每组一套。

（2）作业前准备

①将装配的零件分类放置。

②清洗所有零部件。

2）实施步骤

（1）规划装配顺序，制订装配步骤和内容

规划装配顺序就是装配操作前要规划好先装什么后装什么。装配顺序基本上是由设备的结构特点和装配形式决定的。装配顺序总是首先确定一个零件作为基准件，然后将其他零件依次地装到基准件上。

（2）编制装配工艺规程

将合理的装配工艺过程和操作方法等按一定的格式编写而成的书面文件，即装配工艺规程。它是组织装配工作、指导装配作业的主要依据。一般装配工艺文件包含有装配工艺流程图、装配工艺过程卡、装配工序卡、零件清单、工具清单等。下面介绍几种最常用的装配工艺文件,同学们可结合带轮装置的装配规划填写工艺文件。

（3）实施装配

进行装配规划、制订装配工艺文件后,就可进行装配操作了。在装配操作过程中,应注意遵守装配工艺文件的要求。

【考核评价】

序号	评分项目	评分标准	分值	检测结果	得分
1	安装前清除丝杠、轴承的污物和毛刺	清除的整洁度	10		
2	百分表的安装与使用	使用方法不正确扣 5 分 安装方法不正确扣 5 分	10		
3	丝杠精度的检测	检测不正确扣 10 分 读数不正确扣 10 分	20		
4	两轴承座同轴度精度的检测	检测不正确扣 10 分 读数不正确扣 10 分	20		
5	安全文明操作	根据现场情况	20		
6	装配工艺编制	带装置装配工艺过程卡,每 3 人一组,汇报课题完成情况	20		

任务 7.2 导轨的装配与调试

【任务引入】

完成 CK6140 型数控车床中进给系统中导轨的装配与调整。

【任务分析】

数控机床的导轨主要用来支承和引导运动部件沿一定的轨道运动。导轨副是运动的部件,称为动导轨;固定不动的部件,称为支承导轨。动导轨相对于支承导轨的运动形式有直线运动和回转运动两种。

机床的加工精度和使用寿命在很大程度上取决于机床导轨的质量,而加工精度较高的数控机床对导轨有着更高的要求,如导向精度高,灵敏度高,高速进给时不振动,低速不爬行,耐磨性好,以及能在高速重载条件下长期、连续工作及精度保持性好。目前,数控机床用得较多的是摩擦系数较小的滚动导轨和贴塑导轨,也有采用静压导轨。

【相关知识】

7.2.1 数控机床的导轨

从广义上讲,导轨主要用来支承和引导运动部件沿一定的轨道运动。在导轨副中,运动的一方称为动导轨,不运动的一方称为支承导轨。动导轨相对于支承导轨的运动,通常是直线运动或回转运动,如图7.24所示。

图7.24　数控机床直线导轨

对数控机床,导轨是支承和引导工作台沿一定的轨道运动,作为立式加工中心,工作台是沿着X,Y坐标方向运动,主轴箱沿着Z坐标方向移动。对卧式加工中心,一般工作台是沿着X,Z坐标方向运动,主轴箱沿着Y坐标方向移动,同时工作台还可以B轴为中心的轨迹回转,如图7.25所示。

图7.25　卧式加工中心工作台移动

由于数控机床是高精密、强力金属切削设备。因此,对导轨的要求是:导向精度高,耐磨性好及寿命长,足够的刚度高,低速运动的平稳性,以及工艺性好。

7.2.2 导轨的分类

根据机加工设备这些特质要求,数控机床通常采用的导轨形式有滑动导轨、滚动导轨、静压导轨及气浮导轨。

1)滑动导轨

即运动导轨和支承导轨之间是滑动摩擦形式。它们可细分为以下3种:

(1)镶钢贴塑导轨

贴塑导轨的工作原理是在动导轨和支承导轨之间粘贴摩擦系数很小的有机材料,并加之油膜润滑,使上下导轨相对灵活移动。

　　贴塑导轨最大的特点为两个相对运动体是"面接触"(实际上是点群的接触),导轨受力稳定,抗强力切削性能好,被广泛地用于中重型机床的导轨上。但是,由于贴塑面黏结、刮砚工艺复杂,特别是方形导轨,侧镶条(楔形铁)和压板的处理复杂,如果是重大型机床修复损伤的贴塑导轨还需要解体立柱、主轴箱等,因此维修成本较高。目前,广泛采用镶钢贴塑导轨。其结构如图7.26所示。

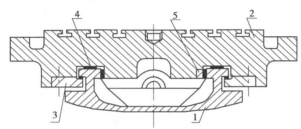

图 7.26　镶钢贴塑导轨结构
1—床身;2—工作台;3—压板;4—贴塑面;5—镶条

　　目前,市场上采用的塑带材料大都为聚四氟乙烯。这种导轨的工作原理与镶钢贴塑导轨工作原理完全相同,只是结构更简单,成本低,一般用于普通数控车床或中小型数控铣床。

　　(2)铸铁-贴塑面导轨

　　铸铁-贴塑面导轨一般多为"一平一V"及燕尾槽铸铁导轨。铸铁-贴塑面导轨的结构广泛地采用"一平一V"的形式,因这种V形槽有自动定位的功能,去掉了镶条压板等机构。

　　(3)其他形式的滑动导轨

　　除上述两种情况之外,一些中小型数控机床的导轨还采用铸铁-铸铁、铸铁-巴士合金(锡青铜)、非金属涂层等滑动导轨。由于这类滑动导轨是非主流产品,故此不作讨论。

　　2)滚动导轨

　　即运动导轨和支承导轨之间是滚动摩擦形式。

　　直线滚动导轨主要由导轨体、滑块和防尘刮板等组成。当滑块与导轨体相对移动时,滚动体在导轨体和滑块之间的圆弧直槽内滚动,并通过端盖内的滚道,从工作负荷区到非工作负荷区,再滚动回工作负荷区,不断循环,从而把导轨体和滑块之间的移动变成滚动体的滚动。为防止灰尘和赃物进入导轨滚道,滑块两端及下部均装有塑料密封垫,滑块上还有润滑油杯。

　　滚动导轨具有以下特点:

　　(1)摩擦系数小,灵敏度高,速度快

　　由于是滚动摩擦,摩擦因数小(0.003~0.005),导轨运动均匀,尤其是在低速移动时,不易出现爬行现象。因此,滚动导轨运动灵活,适宜工作台高速运行,一般可达到 50 000 mm/min。

　　(2)负荷平衡佳

　　简单的双排构造,可采用大粒钢珠,各方向的荷重都能平均承受。

　　轨道形状经过高精度磨削,再加上基于钢球循环动作分析的最优设计,动静摩擦系数相对很小。另外,钢珠预紧力均衡,负载牵引力小,移动轻便,移动、停止灵活,噪声小,定位精度高,重复定位精度可达 0.5 μm。

（3）安装工艺性好，精度容易保证

导轨双列使用，每个滑块从断面上看都是对角线相互受力，发生误差的因素少，直线导轨副安装工艺性好，两导轨间的尺寸安装精度容易提高。轨道精度的测定容易，可确保高精度。

（4）"点群"接触，抗强力切削性差

直线导轨副是依靠一组钢珠支承的，而钢珠与导轨和滑块的接触是"点"的接触。因此，在承受强力切削时的稳定性较差。基于上述这些特点，直线导轨被广泛用于中小型精密数控机床上，特别是中小惯量的高速数控铣床、激光切割机、数控车削中心等。

滚动导轨的另一种形式是在支承导轨和动导轨之间通过滑块滚动体作为介质使支承导轨和动导轨产生相对运动。

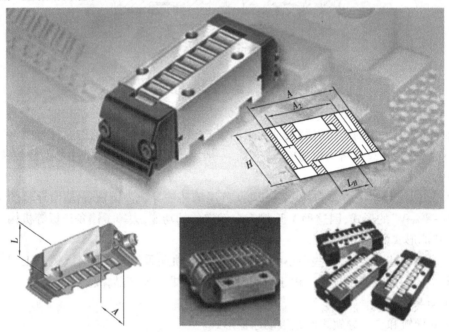

图 7.27　滚动体结构

滚动体结构如图 7.27 所示。它就像坦克履带那样拖动负载移动，这种滚动体的特性与前面所讲的直线滚动导轨很相近，摩擦系数小，灵敏度高，速度快；动静惯性矩小，精度高，噪声小；安装工艺性好，精度容易保证。

滚动体结构与直线导轨相比较有一大优点，由于它通常是由滚柱作为滚动体，因此受力是由一组"线段"完成的，承载能力比直线导轨强，一般适用于重型机床的横梁导轨、中重型卧式加工中心的立柱导轨等。但是，这种滚动体滑块组成的导轨结构要比直线导轨复杂，因导轨的约束还是需要单独的"压板"机构，而直线导轨滑块与导轨之间的约束在直线导轨副出厂前就已装配完毕。

3）静压导轨

液体静压导轨是将具有一定压力的油液经节流器输送到导轨面的油腔，形成承载油膜，将相互接触的金属表面隔开，实现液体摩擦。这种导轨的摩擦因数小（约 0.000 5），机械效率高；因导轨面之间有一层油膜，故吸振性好；导轨面不相互接触，不会磨损，寿命长，而且在低速下运行也不易产生爬行。但是,静压导轨结构复杂,制造成本较高。

静压导轨按导轨形式,可分为开式和闭式两种;按供油方式,可分为恒压(即定压)供油和恒流(即定量)供油两种。静压导轨的最大特点是:动导轨和支承导轨之间是"面接触",承载能力非常强。因此,静压导轨被用于大型镗铣床或大型龙门铣床,工作台可承重达 200 t,特别适宜冶金机械、重型机械零件的加工。

导轨的结构与特点见表7.1。

表 7.1　导轨的结构与特点

导轨形式	结　构	特　点	适　用	容易产生故障
直线导轨	滑块与导轨之间通过滚珠滚动产生相对运动	滚动摩擦、惯性矩小、动态特性好,点群接触,强力切削性差	切削力适中的高速加工机床,如铝材箱体加工等	磨损快,滑块与导轨一旦产生间隙,切削时机床易产生振动。维修更换容易
镶钢贴塑导轨	钢导轨与工作台下面的聚四氟乙烯面以及它们之间的油膜产生滑动摩擦	刮砚后接触面好,稳定性好,强力切削性能好。静惯性矩大,启动力矩大,动态特性稍差	强力重切削机床,钢件、不锈钢件加工,目前中型数控机床使用广泛	贴塑面对润滑要求严,一旦缺少润滑,贴塑面很快损坏,维修成本高,必须刮砚修复
静压导轨	通过压力油分布在导轨面各点,工作台浮在导轨上面	摩擦系数小,受力好,结构复杂,制造成本高	大型龙门或大型镗铣床,工作台承重大	压力点不平衡,出油口堵塞,工作台飘浮低于允差,压力点平衡调整难度大
钢导轨与滑块	与直线导轨原理相似,但坦克链式滑块多为滚针形式	"线"接触,滚动摩擦、惯性矩小、动态特性好,受力条件比直线导轨好,工艺性比直线导轨差	中型机床或龙门机床横梁广泛采用这一结构	滑块寿命周期有限,但更换维护容易
气浮导轨	通过小孔气压将工作台浮在导轨上运动	摩擦系数小,受力好,对环境要求严,适用于高速加工	专用高速加工机床	对环境要求高,空气和环境质量非常重要

7.2.3　导轨的维护与调整

1)直线导轨的安装

在机床维修中,如遇机床直线导轨损坏,可进行更换,因直线导轨的更换比贴塑面的刮砚工艺性好,几何精度相对容易保证,是现场维修技术人员应该掌握的技能。对需要直线运动的精度与刚性的数控机床,必须设有两个导轨基准面及一个平台基准面,如图 7.28 所示。

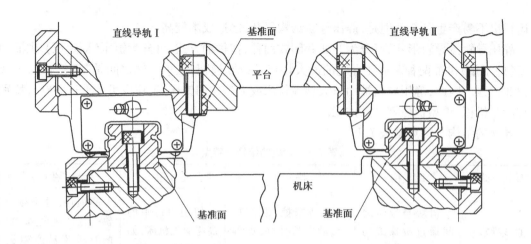

图 7.28 直线导轨的调整

2)导轨的装配方法

（1）装配面清净

将准备装配直线导轨的机械的装配基准面及装配面上的毛刺、划痕用油石除去，再用清洁布擦净。直线导轨的基准面及装配面的防锈油及尘埃需用干净的布擦净，如图 7.29 所示。

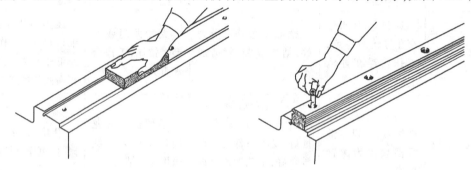

图 7.29 装配面清洗　　　　　　　　　图 7.30 导轨预固定

（2）直线导轨Ⅰ，Ⅱ的轨道预固定

将直线导轨Ⅰ的轨道装配面与机床的装配面正确配合后给予预固定。此时，需确认固定螺栓与装配孔间无干涉存在。

将直线导轨Ⅱ的轨道预固定在机床上，如图 7.30 所示。将直线导轨Ⅰ的导轨基准面以压板或锁紧螺栓预紧于机床的基准面，并将该处导轨的固定螺栓锁紧，由一端开始用此方法反复进行，顺次将轨道固定。以同样的方法固定直线导轨Ⅱ的轨道，如图 7.31 所示。

（3）直线导轨Ⅰ，Ⅱ的滑块预固定

将导轨滑块与工作台的装配位置对好，不要再动工作台，再将直线轨道Ⅰ，Ⅱ的滑块预固定于平台，如图 7.32 所示。

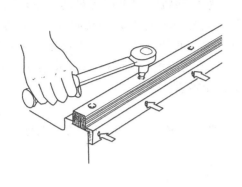 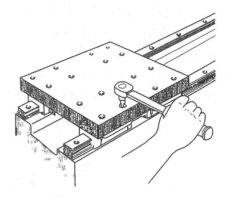

图 7.31　直线导轨固定　　　　　　　　图 7.32　导轨滑块固定

（4）直线导轨Ⅰ的滑块固定

将直线导轨Ⅰ的导轨滑块基准面与平台与基准面对好后，再加以固定。

（5）直线导轨Ⅱ的滑块固定

将直线导轨Ⅱ的滑块中的一个在运动方向上正确地固定，其他的滑组则暂维持预固定。

（6）直线导轨Ⅱ的轨道固定

移动平台，确认其滑走顺畅，再将导轨Ⅱ固定住，此时是在固定与导轨Ⅱ的滑组每通过一个固定螺钉时立刻将它锁紧，由一端开始如此反复进行，顺次将轨道固定，如图 7.33 所示。

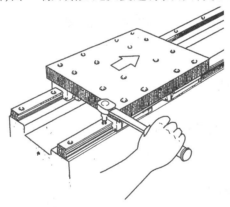

图 7.33　轨道固定

（7）直线导轨Ⅱ的滑组固定

直线导轨Ⅱ的其余滑组再予固定。

7.2.4　导轨的防护

为了防止切削、磨粒或冷却液散落在导轨面上而引起磨损加快、擦伤和锈蚀，导轨面上需要有可靠的防护装置。常用的有不锈钢导轨防护罩、卷帘式导轨防护罩、柔性风琴式导轨防护罩及 PVC 布帘式防护罩等。

不锈钢伸缩式防护罩依靠滚轮支承，有较强的刚度，中大型机床上可承担人体质量；另外，每层钢板相对运动之间有橡胶刮削板防尘，防尘效果好，维护容易，广泛用于各类数控机床的防护。

141

导轨虽然是机床附件,但其作用非常重要。如果导轨防护出现问题,会引起导轨严重损伤。例如,镶钢贴塑导轨防护损坏后,会引起导轨面油泥淤积过多,导轨润滑的小孔容易堵塞,一旦油孔堵塞,塑料贴面很快磨损,修复成本非常高。直线导轨在滑块上有密封条和刮板,如果刮板损坏,切削下的金属碎削会卷入滚珠滑道内参与摩擦,这样导轨滑道也会很快损坏。一旦直线导轨的滑道损坏,是无法修复的,一般只能更换直线导轨。

【思考题】

根据导轨和滚珠丝杠装配的基本知识,完成如图 7.34 所示进给系统的装配与调试过程。

图 7.34　进给系统

【任务实施】

1)装配工作准备

(1)工作场地、机械部件及工具

①场地:实训车间。

②机械部件:CA6140 型普通进给部件。

③工具:装配工具及量具等,每组一套。

(2)作业前准备

①将装配的零件分类放置。

②清洗所有零部件。

③结合实物弄清装配关系,制订装配计划。

2)实施步骤

(1)规划装配顺序,制订装配步骤和内容

规划装配顺序就是装配操作前要规划好先装什么后装什么。装配顺序基本上是由设备的结构特点和装配形式决定的。装配顺序总是首先确定一个零件作为基准件,然后将其他零件依次地装到基准件上去。

(2)编制装配工艺规程

将合理的装配工艺过程和操作方法等按一定的格式编写而成的书面文件,即装配工艺规程。它是组织装配工作、指导装配作业的主要依据。

（3）实施装配

进行装配规划、制订进给部件装配工艺文件后，就可进行装配操作了。在装配操作过程中，应注意遵守装配工艺文件的要求。

【考核评价】

序号	评分项目	评分标准	分值	检测结果	得分
1	安装前清除丝杠、轴承的污物和毛刺	清除的整洁度	10		
2	百分表的安装与使用	正确安装方法与使用方法	10		
3	丝杠精度的检测	检测不正确扣10分 读数不正确扣10分	20		
4	两轴承座同轴度精度的检测	检测不正确扣10分 读数不正确扣10分	20		
5	安全文明操作	根据现场情况	20		
6	装配工艺编制	带装置装配工艺过程卡，每3人一组，汇报课题完成情况	20		

任务7.3 机床床身的装配与调试

【任务引入】

完成 CK6140 型数控车床中床身结构进行装配与调整。

【相关知识】

床身是保证各零部件装配在特定位置的基体零部件。它的精度直接或间接影响车床的整体精度。检测床身导轨的精度对掌握机床状况和为下一步的维修调整都具有重要的意义。

7.3.1 机床导轨的技术要求

车床导轨面的局部维修调整主要是研刮。研刮调整是机床维修钳工必备技能之一。本任务通过对车床导轨的调整使学生掌握研刮的基本要领。如图7.35所示为车床床身导轨的截面图。床身装配是机床装配的基础。床身导轨的精加工是在床身与床脚用螺栓联接后进行的，最终达到以下要求：

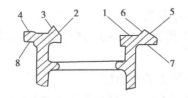

图7.35 床身导轨结构

1,2,3—尾座用导轨；4,5,6—床鞍用导轨；7,8—压板用导轨

1)床身导轨的几何精度

(1)床身导轨的直线度

床身导轨是床鞍、尾座等移动的导向面。它是保证刀具直线移动的关键。车床导轨直线度主要是指导轨面水平面内的直线度和垂直面内的直线度,如图7.36所示。

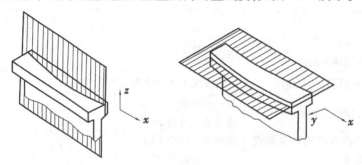

图7.36 床身导轨直线度

(2)床鞍导轨的平行度

对每条导轨的表面形状,除了在水平面内和垂直平面内有直线度要求外,为了保证导轨和运动部件相互配合良好,提高接触率,还要求控制导轨表面的扭曲,这对大型导轨特别重要。刮研时,为了测量导轨间的平行度,作为基准测量用的导轨,更要防止有严重扭曲。车床导轨表面扭曲的检验方法如图7.37所示,V形导轨用V形水平仪垫铁,平导轨用平垫铁,从导轨的任一端开始,移动水平仪垫铁,每隔200~500 mm读数一次,水平仪读数的最大代数差值,即为导轨的扭曲误差。该项误差要求在机床精度标准中都未规定,主要规定于刮研或配磨工艺中。

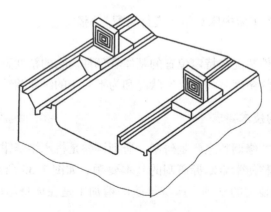

图7.37 床鞍导轨的平行度

(3)床鞍导轨与尾座导轨的平行度

在垂直平面与水平面全长上均为0.04 mm,任意500测量长度上为0.03 mm。通常采用拉表的方法测量。

(4)床鞍导轨对床身齿条安装面的平行度

全长上为0.03 mm,在任意500 mm测量长度上为0.02 mm。通常采用拉表的方法测量。

2)导轨的接触精度

为保证导轨副的接触刚度及运动精度,导轨的配合两面必须有良好的接触。对刮削的导轨,以导轨表面25 mm×25 mm内的接触点数,作为评定接触精度等级的指标,如图7.38所示。

平面种类	每25 mm×25 mm内的研点数	应用举例
一般平面	2~5	较粗糙机件的固定结合面
	5~8	一般结合面
	8~12	机器台面、一般基准面、机床导向面、密封结合面
	12~16	机床导轨及导向面、工具基准面、量具接触面
精密平面	16~20	精密机床导轨、直尺
	20~25	1级平板、精密量具
超精密平面	>25	0级平板、高精度机床导轨、精密量具

图7.38 导轨的接触精度

3)导轨的表面粗糙度

导轨的表面粗糙度,一般刮削导轨应在 $Ra1.6$ μm 以上,磨削导轨和精刨导轨应在 $Ra0.8$ μm 以上。

4)导轨的硬度

导轨的磨损是机床丧失精度的主要原因。为了减小导轨的磨损,导轨的硬度应在170 HB以上。

5)导轨的稳定性

导轨的稳定性是相对于变形而言的,要求导轨稳定,除了采用刚度足够的床身结构外,对机体还要进行良好的时效处理,以消除内应力,减少变形。

7.3.2 数控机床的基础部件床身

床身是机床的主体,是整个床的基础支承部件。床身上一般要求安装导轨,支承主轴箱、立柱、滑枕等。床身的结构对机床的布局有很大的影响。为了满足数控机床高速度、高精度、高生产率、高可靠性及高自动化程度的要求,数控机床必须比普通机床具备更高的静动刚度和更好的抗振性。根据数控机床的类型不同,床身的结构形式也是多种多样。

1)数控机床的床身基础

数控机床的床身基础如图7.39所示。

图7.39 床身基础

2)床身的检查及清理

检查床身的外观有无铸造及加工缺陷,如砂眼、裂纹以及各加工面有无漏序等。对铸造毛坯面及各加工面进行倒角、去毛刺,对所有加工孔用高压空气清理干净。

3)床身地基

床身地脚螺钉孔手工铰丝,安装地脚螺钉,床身按装配现场位置摆放就位,如图7.40所示。

图7.40　床身地基

4)床身安装水平调整

用油石及丙酮清理干净Y向直线导轨的安装基面,将大理石平尺用等高块放在直线导轨的中间位置,其上横向及纵向分别放置一块水平仪,通过调整地脚螺钉,将床身安装水平调好,如图7.41所示。

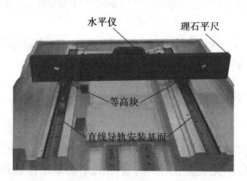

图7.41　床身水平度的调整

7.3.3　导轨面的加工

导轨面精度的获得可分为以下步骤:导轨面的精刨、导轨面的精磨、导轨副的配磨及导轨副的刮削,如图7.42所示。

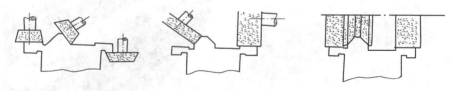

图7.42　导轨面的加工

1）刮削导轨的一般原则

①选择刮削中的基准导轨。

②首先刮削基准导轨,然后根据基准导轨刮削与其组合的另一导轨。

③对在导轨面上滑动的另一相配的导轨面,只需进行相应的配刮。

④对组合导轨上的各个表面的刮削顺序,应在保证质量的条件下,以减少刮削工作量和测量方便为原则,从而保证获得较高的刮削效率。

⑤在装配过程中,为了使两个部件上的导轨位置相互垂直或平行,要通过刮削调整;刮削表面应是两部件的接触面。例如,床身与立柱主轴垂直,就应刮削它们的接触面。

⑥被刮削表面上,如果有已加工好并与该表面有垂直度要求的孔,则应根据基准孔的中心线来刮削。

⑦导轨的刮削精度和允差,应根据机床总的几何精度来确定。

⑧刮削导轨时,一般都应将工件置于调整垫铁上,以使导轨处于自然水平位置。

⑨导轨在刮削前,应清洗表面,如去锐边和毛刺,并用汽油洗掉油斑等。

2）车床导轨的刮削方法

导轨结构如图7.43所示。

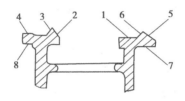

图7.43　导轨结构

（1）刮削顺序

刮削基准面5和6;刮平面4;刮尾座用平导轨1;刮尾座用导轨2和3;刮下平面7和8。

（2）刮研工具

角度尺,水平仪,百分表,平尺。具体检测过程如图7.44所示。

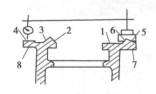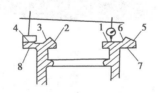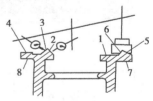

图7.44　导轨检测

3）不同类型导轨的刮削方法

双平面导轨如图7.45所示。

刮削顺序:根据图中的尺寸确定标准平板配研显点。

刮研工具:专用研具,红丹等。

刮研的导轨:V形导轨与平面导轨副。

刮削:组合平板刮研,研具如图7.46所示。

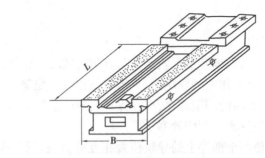

图 7.45　双面导轨的结构

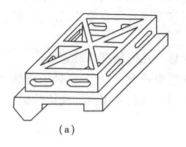 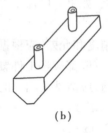

（a）　　　　　　　　　　　　　（b）

图 7.46　研具

7.3.4　导轨精度的测量

1）导轨在垂直平面内的直线度

测量工具：水平仪，如图 7.47 所示。

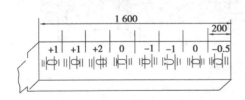 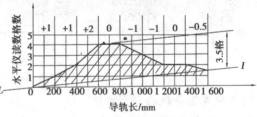

图 7.47　水平仪

2）导轨在垂直平面内的直线度

测量工具：光学平直仪，如图 7.48 所示。

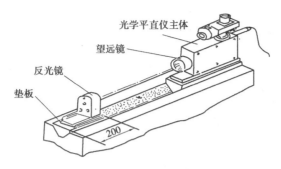

图 7.48　光学平直仪

3)导轨面间平行度测量

测量工具:光学平直仪,桥板,如图 7.49 所示。用水平仪测量导轨的不平行度。

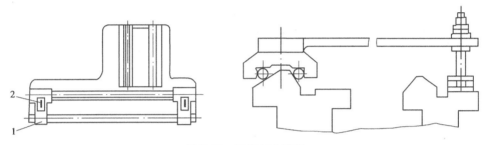

图 7.49　桥板与水平仪
1—桥板;2—水平仪

【思考题】

1.车床导轨的误差主要是指哪些方面?

2.刮削显点有哪些方法?应该注意哪些事项?

【任务实施】

1)装配工作准备

(1)工作场地、机械部件及工具

①场地:实训车间。

②机械部件:CA6140 型普通床身。

③工具:检测工具及量具等,每组一套。

(2)作业前准备

①将装配的零件分类放置。

②清洗所有零部件。

③结合实物弄清装配关系,制订装配计划。

2)实施步骤

(1)床身的安装与调平

一般床身安装在调整垫铁上,常用调整垫铁及组合使用。根据机床要求,在规定点距上安放调整垫铁。利用床身自重,使每块垫铁自然受力。

(2)床身导轨的检测与调整

①粗刮,对齿条安装面的平行度;接触点每 25 mm×25 mm 的平面上 4~6 点。

②精刮,在垂直平面和水平面的直线度要求;接触点每 25 mm×25 mm 的平面上 12~14 点。

【考核评价】

序号	评分项目	评分标准	分值	检测结果	得分
1	清除导轨面的污物和毛刺	清除的整洁度	10		
2	百分表的安装与使用	使用方法正确	10		
3	导轨水平和垂直平面内直线度的检测	检测不正确扣10分 读数不正确扣10分	20		
4	两导轨间平行度的检测	检测不正确扣10分 读数不正确扣10分	20		
5	安全文明操作	根据现场情况	20		
6	总结、解决问题	每3人一组,总结检测过程中遇到的问题	20		

项目 **8**

减速器的装配与调试

【教学目标】

能力目标:能够读懂齿轮减速器的部件装配图。

通过装配图,能够清楚零件之间的装配关系,机构的运动原理及功能。

能够规范合理地写出变速箱的装配工艺过程。

知识目标:掌握复杂零部件常用的拆装工具及其使用方法。

掌握减速器主要零件的检测与修复方法。

掌握装配的规范化,合理的装配顺序。

素质目标:培养团队协作能力,交流沟通能力。

积极做好5S活动,养成良好职业习惯。

【项目导读】

减速器是一种由封闭在箱体内的齿轮、蜗杆蜗轮等传动零件组成的传动装置,装在原动机和工作机之间用来改变轴的转速和转矩,以适应工作机的需要。由于减速器结构紧凑、传动效率高、使用维护方便,因此在工业中应用广泛。减速器的结构随其类型和要求的不同而异,一般由齿轮、轴、轴承、箱体及附件等组成。它包含了机械的很多典型结构。

【任务描述】

学生以企业制造部门装配工艺员的身份进入机械装配工艺模块,根据减速器的装配工艺特点制订合理的装配工艺路线。首先了解减速器的结构与工作原理,读懂减速器的装配图;然后根据前面所学的装配工艺知识,制订装配工艺规程的原则和步骤;最后确定装配过程中各装配过程的安排、检测量具的选用及其装配精度的确定等。通过对机械部件装配工艺规程的制订,分析解决减速器在装配过程中存在的问题和不足,并对编制工艺过程中存在的问题进行研讨和交流。

【工作任务】

按照装配精度的要求,了解减速器装配工艺的基本内容和结构组成,分析滚动轴承的装配过程;对减速器的装配确定合理的装配方法,选用适用的各类装配与检测工具;掌握减速器装配工艺路线的拟订,完成减速器的装配。

任务8.1　滚动轴承的安装与拆卸检修

【任务引入】

在机械中,轴承是用来支承轴和轴上旋转件的重要部件。它的种类很多,根据轴承与轴工作表面之间摩擦性质的不同,轴承可分为滚动轴承和滑动轴承两大类。本任务要完成 CK6140 型数控车床中主轴轴组滚动轴承的安装、检测并调整。

【相关知识】

8.1.1　滚动轴承

1)滚动轴承装配的技术要求

①装配前,应用煤油等清洗轴承和清除其配合表面的毛刺、锈蚀等缺陷。

②装配时,应将标记代号的端面装在可见方向,以便更换时查对。

③轴承必须紧贴在轴肩或孔肩上,不允许有间隙或歪斜现象。

④同轴的两个轴承中,必须有一个轴承在轴受热膨胀时有轴向移动的余地。

⑤装配轴承时,作用力应均匀地作用在待配合的轴承环上,不允许通过滚动体传递压力。

⑥装配过程中应保持清洁,防止异物进入轴承内。

⑦装配后的轴承应运转灵活,噪声小,温升不得超过允许值。

⑧与轴承相配零件的加工精度应与轴承精度相对应,一般轴的加工精度取轴承同级精度或高一级精度;轴承座孔则取同级精度或低一级精度。

2)滚动轴承游隙的调整

滚动轴承的游隙是指将轴承的一个套圈固定,另一个套圈沿径向或轴向的最大活动量。它分为径向游隙和轴向游隙两种。

滚动轴承的游隙不能太大,也不能太小。游隙太大时,会造成同时承受载荷的滚动体的数量减少,使单个滚动体的载荷增大,从而降低轴承的使用寿命和旋转精度,产生振动和噪声;游隙过小时,轴承发热、硬度降低、磨损加快,同样会使轴承的使用寿命减少。因此,许多轴承在装配时都要严格控制和调整游隙。其方法是使轴承的内外圈作适当的轴向相对位移来保证游隙。

(1)调整垫片法

通过调整轴承盖与壳体端面间的垫片厚度 δ 来调整轴承的轴向游隙(见图8.1)。

(2)调整螺钉法

在如图8.2所示的结构中,调整的顺序是:先松开锁紧螺母2,再调整螺钉3,待游隙调整好后,拧紧锁紧螺母2。

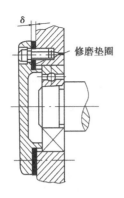

图 8.1　调整垫片法

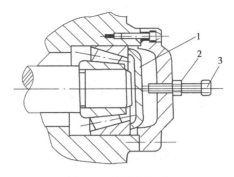

图 8.2　调整螺钉法
1—压盖法;2—锁紧螺母;3—螺钉

3)滚动轴承的预紧

对承受载荷较大、旋转精度要求较高的轴承,大都是在无游隙甚至有少量过盈的状态下工作的,这些都需要轴承在装配时进行预紧。预紧就是轴承在装配时,给轴承的内圈或外圈施加一个轴向力,以消除轴承游隙,并使滚动体与内外圈接触处产生初变形。预紧能提高轴承在工作状态下的刚度和旋转精度。滚动轴承预紧的原理如图 8.3 所示。其预紧方法如下:

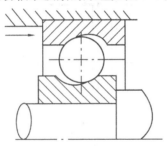

图 8.3　滚动轴承的预紧

(1)成对使用角接触球轴承的预紧

成对使用角接触球轴承有 3 种装配方式(见图 8.4)。其中,如图 8.4(a)所示为背靠背式(外圈宽边相对)安装;如图 8.4(b)所示为面对面式(外圈窄边相对)安装;如图 8.4(c)所示为同向排列式(外圈宽窄相对)安装。若按图示方向施加预紧力,通过在成对安装轴承之间配置厚度不同的轴承内外圈间隔套,使轴承紧靠在一起来达到预紧的目的。

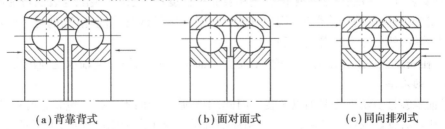

(a)背靠背式　　　　　(b)面对面式　　　　　(c)同向排列式

图 8.4　成对安装角接触球轴承

(2)单个角接触球轴承的预紧

如图 8.5(a)所示,轴承内圈固定不动,调整螺母 4 改变圆柱弹簧 3 的轴向弹力大小来达到轴承预紧。如图 8.5(b)所示为轴承内圈固定不动,在轴承外圈 1 的右端面安装圆形弹簧片对轴承进行预紧。

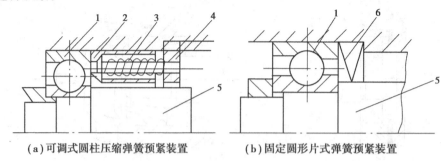

(a)可调式圆柱压缩弹簧预紧装置　　　(b)固定圆形片式弹簧预紧装置

图 8.5　单个角接触球轴承的预紧

1—轴承外圈;2—预紧环;3—圆柱弹簧;4—螺母;5—轴;6—圆形弹簧片

(3)内圈为圆锥孔轴承的预紧

如图 8.6 所示,拧紧螺母 1 可使锥形孔内圈往轴颈大端移动,使内圈直径增大形成预负荷来实现预紧。

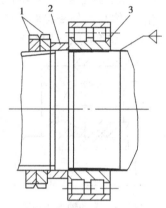

图 8.6　内圈为圆锥孔轴承的预紧

1—螺母;2—隔套;3—轴承内圈

8.1.2　滚动轴承安装前准备

安装前,必须有一个安装作业程序,准备好安装所必需的工具设备、手套、抹布等;按图纸要求,核查安装部位的配合尺寸、形位公差和表面粗糙度;对主机安装配合表面可能存在的毛刺、锈斑、磕碰凸痕、附着物作彻底清除;对轴承和附件进行认真清洗,清洗剂可用汽油、煤油、甲苯、二甲苯等,然后涂上润滑油(脂)。

注意:在安装准备工作没有完成前,不要拆开轴承的包装,以免使轴承受到污染。

1)轴承的准备

由于轴承经过防锈处理并加以包装。因此,不到临安装前不要打开包装。另外,轴承上涂布的防锈油具有良好的润滑性能,对一般用途的轴承或充填润滑脂的轴承,可不必清洗直接使用。但对仪表用轴承或用于高速旋转的轴承,应用清洁的清洗油将防锈油洗去。这时,轴承容易生锈,不可长时间放置。

2)轴与外壳的检验

清洗轴与外壳,确认无伤痕或机械加工留下的毛刺。外壳内绝对不得有研磨剂(SiC,

Al_2O_3 等)型砂、切屑等。检验轴与外壳的尺寸、形状和加工质量是否与图纸符合。分几处测量轴径与外壳孔径(见图 8.7、图 8.8)。同时,认真检验轴与外壳的圆角尺寸及挡肩的垂直。安装轴承前,在检验合格的轴与外壳的各配合面涂布机械油。

注意:倒角半径必须小于轴承的倒角半径。

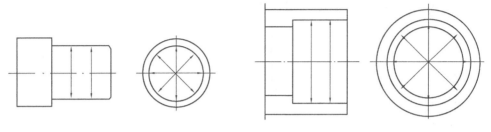

图 8.7　轴径的测量位置　　　　　　　　图 8.8　外壳孔径的测量位置

8.1.3　轴承的安装方法

1)圆柱孔轴承的安装

采用电感应加热,如图 8.9 所示。该安装方法安全、可靠;加热均匀;清洁无污染;定时、定温;操作简单。

当轴承内圈与轴的配合有较大的过盈值时,或大型轴承的安装以及不能用压力装配的精密轴承,都应采用加热安装。加热的方法一般采用热油加热。加热时,先将轴承浸在油桶中,使轴承与油同时达到所需的温度(不许超过 120 ℃)。轴承与桶底不要接触,以避免受热不均。加热使用的方法可用电热器或蒸汽管,也可用大功率灯泡。加热时,要有专人监督油温,以避免发生火灾。

加热后,用专用工具将轴承夹牢,对准套装部位迅速推入,再用铜棒敲打轴承内圈,使其装配到正确位置。

图 8.9　电感应加热法

2)圆锥孔轴承的安装方式

圆锥孔轴承的两种安装方式,分别以螺钉和锥形轴的方式来进行,如图 8.10、图 8.11所示。

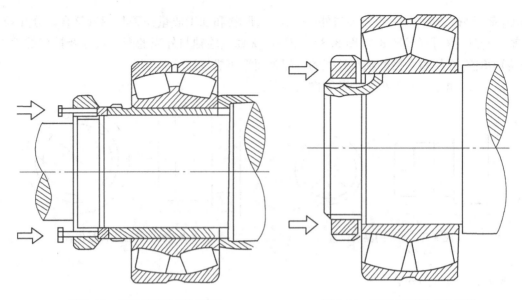

图 8.10　用退卸套和螺钉安装　　　　图 8.11　用紧定螺母直接安装

安装轴承时,是先装轴承内圈还是先装外圈,这要看设备的具体结构。

最常见的结构是以轴承外圈作支承,内圈与轴一起旋转,内圈与轴的配合要比外圈与轴承孔的配合紧得多。在安装时,大都是先将滚动轴承内圈压装在轴上。

对以轴为支承、外圈与转体一起旋转的结构,也要视其配合情况,不能以转体来决定轴承的内外圈装配顺序。概括来说,凡配合较紧的,装配工艺复杂的,对下一步组装工作有利的,应先装。

还有的设备,轴承的内外圈需要同时压装。在安装时,应采用使轴承的内外圈同时受力的压装工具。

8.1.4　轴组的装配

1)滚动轴承的固定方式

(1)两端单向的固定方式

如图 8.12 所示,在轴两端的支承点,用轴承盖单向固定,分别限制两个方向的轴向移动。为避免轴受热伸长而使轴承卡住,在右端轴承外圈与端盖之间留有一定的间隙(0.5~1 mm),以便游动。

(2)一端双向固定方式

如图 8.13 所示,将右端轴承的双向轴向固定,左端轴承可随轴作轴向游动。这种固定方式工作时不会发生轴向窜动,受热时又能自由地向另一端伸长,轴不致被卡死。若游动端采用内外圈可分的圆柱滚动轴承,此时轴承内外圈均需双向轴向固定。当轴受热伸长时,轴带着内圈相对外圈游动,如图 8.14 所示。

如果游动端采用内外圈不可分离型深沟球轴承或调心球轴承,此时只需轴承内圈双向固定,外圈可在轴承座孔内游动,轴承外圈与座孔之间应取间隙配合,如图 8.15 所示。

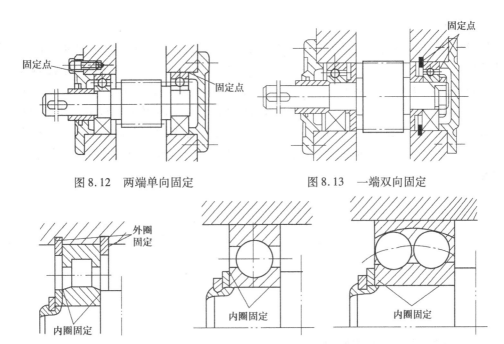

图 8.12　两端单向固定　　　　　　　　图 8.13　一端双向固定

图 8.14　内外圈双向轴向固定　　　　图 8.15　内圈双向固定

2)滚动轴承的定向装配

对精度要求较高的主轴部件,为了提高主轴的回转精度,轴承内圈与主轴装配及轴承外圈与箱体孔装配时,常采用定向装配的方法。定向装配就是人为地控制各装配件径向跳动的方向,合理组合,采用误差相互抵消来提高装配精度的一种方法。装配前,需对主轴轴端锥孔中心线偏差及轴承的内外圈径向跳动进行测量,确定误差方向并做好标记。

滚动轴承的
装配工艺

(1)装配件误差的检测方法

①轴承外圈径向圆跳动检测

如图 8.16 所示,测量时,转动外圈并沿百分表方向压迫外圈,百分表的最大读数即外圈最大径向圆跳动。

②轴承内圈径向圆跳动检测

如图 8.17 所示,测量时外圈固定不转,内圈端面上施以均匀的测量负荷 F,F 的数值根据轴承类型及直径变化,然后使内圈旋转一周以上,便可测得轴承内圈内孔表面的径向圆跳动量及其方向。

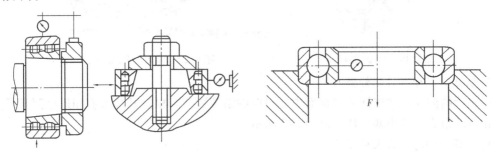

图 8.16　外圈径向圆跳动检测　　　　图 8.17　内圈径向圆跳动检测

157

（2）定向装配

装配时，轴承内圈径向圆跳动量较大的放在后支承上。前后支承中各轴承内圈径向圆跳动的最高点位置（标记）应置于同一方向，且与主轴所标最高点的方向相反，使被测表面中心向实际旋转中心 O_2 靠拢，如图 8.18 所示。当前后轴承的内圈分别有偏心误差 $\delta_后$ 和 $\delta_前$，且 $\delta_后 > \delta_前$，主轴锥孔中心线 O_3 与支撑轴颈公共轴线 O_1 有偏离距离 δ，则按定向装配的原则确定轴承与轴颈的装配位置时，主轴锥孔的回转中心线将出现最小的径向跳动误差 Δ，按定向装配法装配后的轴承，应保证其内圈与轴颈不再发生相对转动，否则将丧失轴承已获得的调整精度。

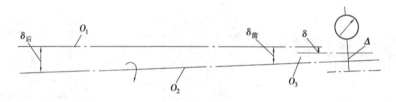

图 8.18　定向装配原则示意图

8.1.5　轴承径向游隙的检测

在轴承制造工厂都有专用的检测仪器来测量轴承的径向游隙。对调心滚子轴承的径向游隙，通常采用塞尺测量方法。

1）将轴承竖起来并合拢

轴承的内圈与外圈端面平行，不能有倾斜。将大拇指按住内圈并摆动 2~3 次，向下按紧，使内圈和滚动体定位入座。定位各滚子位置，使在内圈滚道顶部两边各有一个滚子，将顶部两个滚子向内推，以保证它们和内圈滚道保持合适的接触，如图 8.19 所示。

图 8.19　竖立轴承

图 8.20　塞尺游隙检测

2）根据游隙标准选配好塞尺

由轴承的内孔尺寸查阅游隙标准中相对应的游隙数值。根据其最大值和最小值来确定塞尺中相应的最大和最小塞尺片，如图 8.20 所示。

3）选择径向游隙最大处测量

轴承竖起来后，其上部外圈滚道与滚子之间的间隙就是径向游隙最大处，如图 8.21 所示。

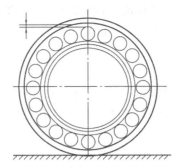
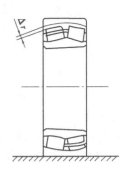

图 8.21 径向游隙最大处

4)用塞尺测量轴承的径向游隙

转动套圈和滚子保持架组件一周,在连续3个滚子能通过,而在其余滚子上均不能通过时的塞尺片厚度为最大径向游隙测值;在连续3个滚子上不能通过,而在其余滚子上均能通过时的塞尺片厚度为最小径向游隙测值。取最大和最小径向游隙测值的算术平均值作为轴承的径向游隙值。在每列的径向游隙值合格后,取两列的游隙值的算术平均值作为轴承的径向游隙。

8.1.6 轴承拆卸方法

为了保持轴承配合部位的精度和装配紧力,应尽量减少轴承的拆卸次数。一般是在轴承已损失或不拆除轴承就无法进行检修时才拆卸轴承。滚动轴承的拆卸方法如下:

1)常规拆卸法

拆卸器通称为拉子,一般在常温下装配的轴承,均可用拆卸器把轴承拆下来。常用的拆卸器液有压拉马、带支架的内圈拆卸器等。

若轴承拆下后还需再次使用,则绝不允许通过滚动体来传递拆卸力。对非分离型轴承,首先从较松配合面(一般是外圈与壳体孔径的配合面)将轴承拆出,然后使用压力机将轴承从紧配合表面压出。

对非分离型轴承,还可使用专门的拆卸装置(俗称"拉马")拆卸轴承,这种方式较方便,如图 8.22 所示。

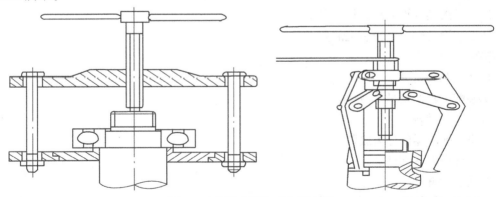

图 8.22 两拉杆和三拉杆拆卸器

2)加热拆卸法

拆卸装配很紧的轴承时,可用热油加热轴承内圈,在内圈受热膨胀的状态下进行拆卸。加热前,先装上拆卸器,并预加入适当的拉力,然后用油壶将 90 ~ 100 ℃ 的热油浇在轴承的内圈上,待内圈受热膨胀开始松动时,便立即操作拆卸器,卸下轴承。浇热油前应将轴用石棉制品盖上,避免轴颈受热而膨胀,失去加热的作用。

3) 破坏拆卸法

(1) 氧乙炔焰切割轴承

切割前用石棉制品把轴遮盖好,用割炬从轴承的相对两侧将外圈割断,如发生轴承外圈被熔渣粘连,可用錾子錾开。在切割内圈时,不要把内圈割穿,以免造成轴的伤害。可用錾子楔入切割口,将内圈张破。

(2) 砂轮磨断轴承

用手提式砂轮机磨断轴承的步骤是:磨削外圈时,必须用楔铁将外圈卡死,以防外圈转动。在磨削内圈时,要防止把轴磨伤,磨到一定深度后,用錾子楔入磨口,使内圈断裂。

4) 轴承安装注意事项

①检查同轴个轴承孔的同心度,如果轴承孔不同心,会引起轴承滚动面的超负荷,使轴承过早损坏。

②安装圆锥滚柱轴承时,应注意圆锥的方向。当轴的两端都是圆锥滚柱轴承时,其装法是大头对大头,小头对小头。如果仅一端装圆锥滚柱轴承,则需注意轴向推力的方向。

③当轴颈与内圈的配合松动时,不许采用在轴颈上用冲子打点或滚花的方法来解决,应采用喷涂或镀硬铬的方法(在不影响轴强度的前提下,还可采用镶套法)。一般小轴最好是重新车制。

④安装轴承时,应注意使轴承无型号的一面靠着轴肩。

⑤轴承的轴向间隙,必须根据轴在运行中的伸长量来确定,从而进行轴承的轴向间隙调整。轴在运行中的伸长量可计算为

$$\Delta L = 1.13 \times 10^{-5} L \Delta t$$

式中　ΔL——轴的伸长量,mm;

L——轴的长度,mm;

Δt——温差,℃。

【思考题】

1. 试述滚动轴承装配的技术要求。

2. 试述滚动轴承定向装配的要点。

【任务实施】

1) 主轴轴组的装配

①装配工具及量具等,每组一套。

②作业前准备:

a. 将装配的零件分类放置。

b. 清洗所有零部件。

2) 实施步骤

①规划主轴承装配顺序,制订装配步骤和内容。

②编制主轴轴组装配工艺规程。

③实施装配。

进行装配规划、制订装配工艺文件后,就可进行装配操作。在装配操作过程中,应注意遵

守装配工艺文件的要求。

【考核评价】

序号	评分项目	评分标准	分值	检测结果	得分
1	安装前清除主轴的污物和毛刺	清除的整洁度	10		
2	百分表的安装与使用	使用方法的正确性	10		
3	主轴前后轴承的安装与精度检测	检测不正确扣10分 读数不正确扣5分	30		
4	两轴承座同轴度精度的检测	检测不正确扣10分 读数不正确扣10分	20		
5	安全文明操作	根据现场情况	10		
6	装配工艺编制	编制装配工艺过程卡,每3人一组,汇报课题完成情况	20		

任务8.2　减速器的装配与调试

【任务引入】

减速器由左右挡板、圆柱齿轮、轴承座套、输入轴、中间轴、输出轴、轴套、轴承闷盖、轴承透盖、齿轮套筒、轴承内圈角接触轴承(7003AC)、深沟球轴承(6003-2RZ)、轴用弹性挡圈及齿轮减速器底座等组成。根据前面所学的装配知识和相关技能,综合完成减速器的安装与调试。

【任务分析】

根据齿轮减速器装配图,使用相关工量具,进行齿轮减速器的组合装配与调试,并达到以下实训要求:

①能够读懂齿轮减速器的部件装配图。通过装配图,能够清楚零件之间的装配关系,机构的运动原理及功能。理解图纸中的技术要求,基本零件的结构装配方法,轴承、齿轮精度的调整。

②能够规范合理地写出变速箱的装配工艺过程。

③轴承的装配。

④齿轮装配,齿轮定位可靠,承担负载,移动齿轮灵活,圆柱啮合齿轮的啮合齿轮宽度差不超过5%(及两齿轮的错位)。

⑤装配的规范化,合理的装配顺序;传动部件主次分明,运动部件的润滑;啮合部件间隙的调整。

【相关知识】

8.2.1 减速器的结构

减速器安装在原动机与工作机之间,用来降低转速和相应增大转矩。如图8.23所示为常用的蜗轮蜗杆锥齿轮减速器装配图。这类减速器具有结构紧凑、外廓尺寸较小、降速比大、工作平稳及噪声小等特点,应用较广泛。蜗杆副的作用是减速,降速比很大;锥齿轮副的作用主要是改变输出轴方向。蜗杆采用浸油润滑,齿轮副和各轴承的润滑、冷却条件良好。

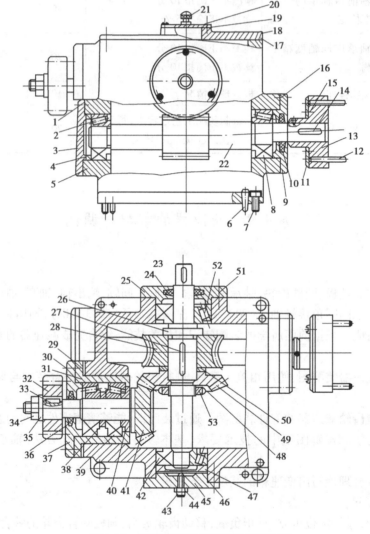

图8.23 蜗轮蜗杆锥齿轮减速器装配图

1,7,15,16,17,20,30,43,46,51—螺钉;2,8,39,42,52—轴承;3,9,25,37,45—轴承盖;
4,29,50—调整垫圈;5—箱体;6,12—销;10,24,36—毛毡;11—环;13—联轴器;14,23,27,33—平键;
18—箱盖;19—盖板;21—手把;22—蜗杆轴;26—轴;28—蜗轮;31—轴承套;32—圆柱齿轮;
34,44,53—螺母;35,48—垫圈;38—隔圈;40—衬垫;41,49—锥齿轮;47—压盖

原动机的运动与动力通过联轴器13输入减速器,经蜗杆副减速增矩后,再经锥齿轮副由

圆柱齿轮 32 输出。

8.2.2　减速器装配的主要技术要求

①零件和组件必须正确安装在规定位置,不允许装入图样未规定的垫圈、衬套之类零件。
②各轴线之间相互位置精度(如平行度、垂直度等)必须严格保证。
③蜗杆副、锥齿轮副正确啮合,符合相应规定要求。
④回转件运转灵活;滚动轴承游隙合适,润滑良好,不漏油。
⑤各固定联接牢固、可靠。

8.2.3　减速器的装配工艺过程

减速器部件的装配工作包括装配前期工作、零件的试装、组装、部件总装及调整等。

1)装配前期工作

装配前期工作包括零件清洗、整形和补充加工等。

(1)清洗

用清洗剂清除零件表面的防锈油、灰尘、切屑等污物,防止装配时划伤、研损配合表面。

(2)整形

锉修箱盖、轴承盖等铸件的不加工表面,使其与箱体结合部位的外形一致,对零件上未去除干净的毛刺、锐边及运输中因碰撞而产生的印痕也应锉除。

(3)补充加工

补充加工是指零件上某些部位需要在装配时进行的加工,如箱体与箱盖、箱盖与盖板、各轴承盖箱体的连接孔和螺孔的配钻、攻螺纹等,如图 8.24 所示。

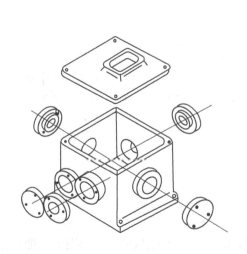

图 8.24　箱体与有关零件的配加工

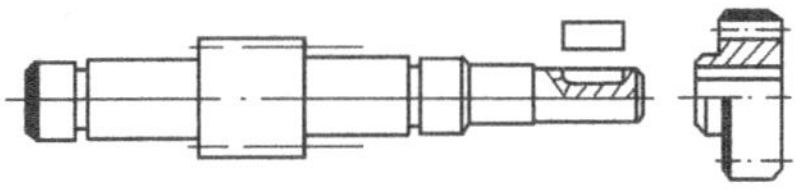

(a)与联轴器试配

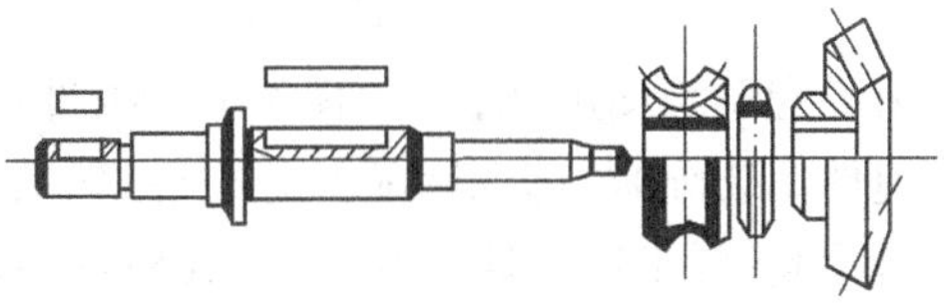

(b)与蜗轮、锥齿轮试配

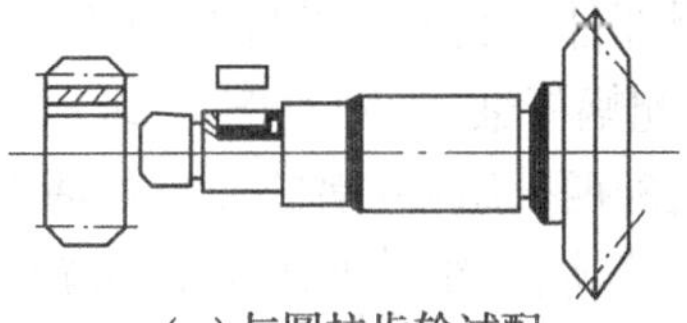

(c)与圆柱齿轮试配

图 8.25　减速器零件配键预装

2)零件的试装

零件的试装又称试配,是为保证产品总装质量而进行的各联接部位的局部试验性装配。为了保证装配精度,某些相配的零件需要进行试装,对未满足装配要求的,须进行调整或更换零件。例如,减速器中有 3 处平键联接:蜗杆轴 22 与联轴器 13、轴 26 与蜗轮 28 和锥齿轮 49、锥齿轮轴 41 与圆柱齿轮 32,均须进行平键联接试配,如图 8.25 所示。零件试配合适后,一般仍要卸下,并作好配套标记,待部件总装时再重新安装。

3)组件装配

由减速器部件装配图(见图 8.23)可知,减速器主要的组件有锥齿轮轴-轴承套组件、蜗轮轴组件和蜗杆轴组件等。其中,只有锥齿轮轴-轴承套组件可独立装配后再整体装入箱体,其余两个组件均必须在部件总装时与箱体一起装配。

如图 8.26 所示为锥齿轮轴-轴承套组件的装配顺序。锥齿轮轴 01 是组件的装配基准件。组件中各零件的相互装配关系和装配顺序,通常用如图 8.27 所示的装配系统图表示。

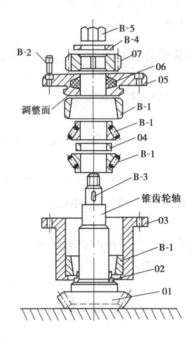

图 8.26　锥齿轮轴-轴承套组件的装配顺序

由装配系统图可知,组件有 3 个分组件:锥齿轮轴分组锥齿轮轴件、轴承套分组件和轴承盖分组件。装配时,首先装配各分组件,然后与其他零件依顺序装配及调整、固定,装配后组件应进行检验,要求锥齿轮回转灵活,无轴向窜动。

4)减速器部件总装和调整

减速器部件总装的基准件是箱体。

(1)装配蜗杆轴组件(见图 8.28)

首先装配两分组件:蜗杆轴与两轴承内圈分组件和轴承盖与毛毡分组件。然后将蜗杆轴分组件装入箱体,从箱体两端装入两轴承的外圈,再装上轴承盖分组件 5,并用螺钉 4 拧紧。轻轻敲击蜗杆轴左端,使右端轴承消除游隙并贴紧轴承盖,再在左端试装调整垫圈 1 和轴承盖 2,并测量间隙 Δ,据以确定调整垫圈的厚度。最后,将合适的调整垫圈和轴承盖装好,并用螺钉拧紧。装配后,用百分表在蜗杆轴右侧外端检查轴向间隙,间隙值应为 0.01 ~ 0.02 mm。

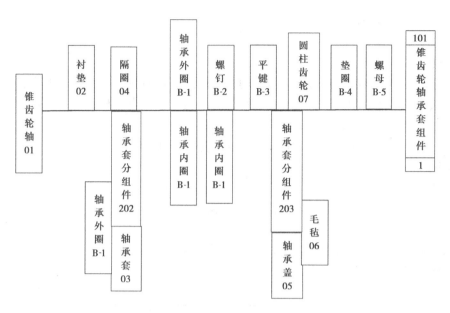

图8.27 锥齿轮轴-轴承套组件的装配系统图

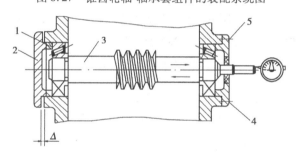

图8.28 蜗杆轴组件

1—垫圈;2—轴承盖;3—蜗轮轴;4—螺钉;5—轴承盖分组件

（2）试装蜗轮轴组件和锥齿轮轴-轴承套组件

试装的目的是:确定蜗轮轴的位置,使蜗轮的中间平面与蜗杆的轴线重合,以保证蜗杆副正确啮合;确定锥齿轮的轴向安装位置,以保证锥齿轮副的正确啮合。

①蜗轮轴位置的确定(见图8.28)。先将圆锥滚子轴承的内圈压入轴3的大端(左侧),通过箱体孔,装上已试配好的蜗轮及轴承外圈,轴的小端装上用来替代轴承的轴套(便于拆卸)。轴向移动蜗轮轴,调整蜗轮与蜗杆正确啮合的位置并测量尺寸 H ,据以调整轴承盖分组件1的凸肩尺寸。

②锥齿轮轴向位置的确定。先在蜗轮轴上安装锥齿轮4,再将装配好的锥齿轮轴-轴承套组件装入箱体,调整两锥齿轮的轴向位置,使其正确啮合,分别测量尺寸 H_1 和 H_2 ,据此选定两调整垫圈(见图8.23中件29和件50)的厚度。

③装配蜗轮轴组件和装入锥齿轮轴、轴承套组件(见图8.25)。将装有轴承内圈和平键的轴放入箱体,并依次将蜗轮、调整垫圈、齿轮、垫圈及螺母装在轴上,然后在箱体大轴承孔处(上端)装入轴承外圈和轴承盖分组件,在箱体小轴承孔处装入轴承、压盖和轴承盖,两端均用螺钉紧固。最后将锥齿轮轴、轴承套组件和调整垫圈一起装入箱体,用螺钉紧固。

④安装联轴器分组件。

⑤安装箱盖。

⑥运转试验。

总装完成后,减速器部件应进行运转试验。首先须清理箱体内腔,注入润滑油,用拨动联轴器的方法使润滑油均匀流至各润滑点;然后装上箱盖,连接电动机,并用手盘动联轴器使减速器回转;在一切符合要求后,接通电源进行空载试车。运转中齿轮应无明显噪声,传动性能符合要求。运转 30 min 后,检查轴承温度应不超过规定的要求。

【任务实施】

1)实施环境和条件

生产车间或实训室,工作服、安全帽等防护用品。

2)实施步骤

分析减速器的结构组成,写出减速器由哪些零件和部件组成。

根据减速器装配的技术要求,完成减速器的装配与调试。

【考核评价】

序号	评分项目	评分标准	分值	检测结果	得分
1	读懂减速器装配图	写出部件由哪些零件组装而成	15		
2	装配前期准备工作	清洗、整形、补充加工螺纹等	15		
3	零件的试装	完成各联接部位的局部试验性装配	20		
4	组件装配、总装和调整	根据系统装配图完成装配过程	30		
5	汇报减速器的装配过程	每3人一组,口述减速器部件的装配工艺过程	20		

参考文献

［1］吴泊良. 机床机械零部件装配与检测调整［M］. 北京:中国劳动社会保障出版社,2009.

［2］陈泽宇. 数控机床装调［M］. 武汉:华中科技大学出版社,2012.

［3］覃岭. 机械制造技术基础［M］. 北京:高等教育出版社,2006.

［4］龚仲华. 数控机床装配与调整［M］. 北京:高等教育出版社,2017.

［5］张玲芬,王琳,张静. 机械零部件工艺制订［M］. 北京:航空工业出版社,2013.

［6］王立波,赵岩铁. 公差配合与技术测量［M］.5 版. 北京:北京航空航天大学出版社,2020.

［7］人力资源和社会保障部教材办公室. 机械制造工艺基础［M］.6 版. 北京:中国劳动社会保障出版社,2011.

［8］刘守勇,李增平. 机械制造工艺与机床夹具［M］.3 版. 北京:机械工业出版社,2013.